全国计算机技术与软件专业技术资格(水平)考试辅导用书

系统集成项目管理工程师
默写本

主 编 薛大龙 副主编 赵德端 上官绪阳 王红

U0281311

电子工业出版社·

Publishing House of Electronics Industry

北京·BEIJING

内 容 简 介

《系统集成项目管理工程师默写本》由曾多次参与软考命题工作的薛大龙教授担任主编。薛老师非常熟悉命题形式、命题难度、命题深度和命题重点，了解学生学习过程中的痛点。

本书是专为参加系统集成项目管理工程师考试的考生编写的。因为在备考过程中，很多考生反映不知道考试的重点有哪些，同时反映因离开学校多年，记不住这些知识点。有句话"好记性不如烂笔头"，因此编者结合自己二十多年的软考面授经验，组织编写了本书。考生可以根据本书的章节内容，每天进行背诵和书写，渐渐积累知识点。

使用本书进行备考复习，不仅可以加深对知识点的记忆和理解，提高做题准确性，还可以锻炼思维，便于复习和回顾，激发学习动力，以及检测学习成果。希望考生充分利用本书这一有效的学习工具，通过自己的努力，快速掌握知识点，顺利通过考试。

图书在版编目（CIP）数据

系统集成项目管理工程师默写本 / 薛大龙主编.

北京 ：电子工业出版社，2024. 9. -- （全国计算机技术
与软件专业技术资格（水平）考试辅导用书）. -- ISBN
978-7-121-48791-0

Ⅰ. TP311.5

中国国家版本馆CIP数据核字第20242AV326号

责任编辑：张彦红
文字编辑：白　涛
印　　刷：三河市良远印务有限公司
装　　订：三河市良远印务有限公司
出版发行：电子工业出版社
　　　　　北京市海淀区万寿路173信箱　　邮编：100036
开　　本：787×1092　　1/16　　印张：13.5　　字数：302.4千字
版　　次：2024年9月第1版
印　　次：2024年9月第1次印刷
定　　价：69.00元

凡所购买电子工业出版社图书有缺损问题，请向购买书店调换。若书店售缺，请与本社发行部联系，联系及邮购电话：（010）88254888，88258888。

质量投诉请发邮件至zlts@phei.com.cn，盗版侵权举报请发邮件至dbqq@phei.com.cn。

本书咨询联系方式：faq@phei.com.cn。

全国计算机技术与软件专业技术资格（水平）考试辅导用书编委会

前　言

　　《系统集成项目管理工程师默写本》由曾多次参与软考命题工作的薛大龙教授担任主编。薛老师非常熟悉命题形式、命题难度、命题深度和命题重点，了解学生学习过程中的痛点。

　　本书是专为参加系统集成项目管理工程师考试的考生编写的，因为在备考过程中，很多考生反映不知道考试的重点有哪些，同时反映因离开学校多年，记不住这些知识点，所以编者结合自己二十多年的软考面授经验，组织编写了本书。考生可以根据本书的章节内容，每天进行背诵和书写，渐渐积累知识点。

一、默写的必要性，"好记性不如烂笔头"

1. 加深记忆

　　默写是一种主动的学习方式，它要求考生回忆并写下知识点。考生通过这一过程，加深对知识点的记忆。

　　与单纯的阅读或听讲相比，默写更能促进知识的长期记忆，因为它涉及信息的处理和重新组织。

2. 巩固理解

　　默写要求考生不仅记住知识点，还要理解其背后的逻辑和含义。在默写的过程中，考生需要回忆和整合所学的信息，有助于对知识点的巩固理解。

　　通过默写，考生可以检查自己对知识点的掌握程度，从而及时发现并纠正理解上的偏差。

3. 提高准确性

　　默写要求考生准确地写出知识点，这有助于培养考生对细节的关注和对知识点理解的准确性。在考试中，准确性往往是取得高分的关键。

　　通过默写，考生可以逐渐提高自己在答题时的准确性和规范性，减少因粗心大意而导致的失分。

4. 锻炼思维

　　默写不仅是对知识点的回顾，还是对思维能力的锻炼。在默写的过程中，考生需要调动自己的记忆、理解和分析能力，这有助于培养思维能力和解决问题的能力。

　　通过不断地默写练习，考生可以逐渐提高自己的思维速度和灵活性，更好地应对考试中的各种问题。

5. 便于复习和回顾

　　本书可以作为复习的参考资料，方便考生在复习时快速回顾和巩固知识点。

与其他复习资料相比，本书更加个性化，因为它记录了考生自己的学习和思考过程。通过回顾本书，考生可以更好地了解自己的学习情况，制订更加有针对性的复习计划。

6. 激发学习动力

默写是一种具有挑战性的学习方式，它要求考生不断突破自己的极限。当考生能够成功地默写出越来越多的知识点时，就会感受到一种成就感并获得学习的动力，从而更加努力地学习和备考。

7. 便于检测学习成果

本书可以作为检测学习成果的工具。通过对比本书上的正确答案，考生可以清楚地看到自己在哪些知识点上还存在不足，从而有针对性地进行查漏补缺。

综上所述，使用本书进行备考复习具有诸多优势。它不仅可以加深记忆、巩固理解、提高准确性，还可以锻炼思维、便于复习和回顾、激发学习动力，以及便于检测学习成果。因此，在备考过程中，考生应该充分利用本书这一有效的学习工具。

二、作者阵容强大，助你明确重点

本书由薛大龙担任主编，由赵德端、上官绪阳、王红担任副主编，其中赵德端负责第1~8章，上官绪阳负责第9~14章，王红负责第15~18章，薛大龙负责第19、20章。全书由薛大龙确定架构，由赵德端统稿，由薛大龙定稿。

薛大龙，中共党员，全国计算机技术与软件专业技术资格（水平）考试辅导用书编委会主任，北京理工大学博士研究生，多所大学客座教授，北京市评标专家，财政部政府采购评审专家，曾多次参与全国软考的命题与阅卷。作为规则研究者，他非常熟悉命题要求、命题形式、命题难度、命题深度、命题重点及判卷标准等。

赵德端，软考新锐讲师，授课学员近十万人次。专业基础知识扎实，授课思路清晰，擅长提炼总结高频考点，举例通俗易懂。深知考试套路，熟知解题思路。教学风格生动活泼、灵活有趣，擅长运用口诀联系实际进行授课，课堂充满趣味性，深受学员喜爱。

上官绪阳，软考面授讲师，项目管理经验丰富，具有丰富的企业和高校带教经验。精于知识要点及考点的提炼和研究，方法独特，善于运用生活案例传授知识要点。他授课风格轻松有趣，易于理解，颇受学员推崇和好评。

王红，软考资深讲师，PMP、系统集成项目管理工程师。有丰富的软考和项目管理实战与培训经验，对软考有深刻研究，专业知识扎实，授课方法精妙，经常采用顺口溜记忆法加强考生的理解与记忆；授课风格干净利落，温和中不失激情，极富感染力，深受学员好评。曾在北京、上海、广东、湖北等地进行公开课讲授和企业内训。

感谢电子工业出版社博文视点的张彦红编辑和白涛编辑，他们在本书的策划、选题的申报、写作大纲的确定及编辑出版等方面付出了辛勤劳动和智慧，在此表示感谢。

希望考生能够利用本书这一工具，通过自己的努力，快速掌握知识点，顺利通过考试。

编　者

2024年于北京

目　录

默写部分

答案部分

第1章

信息化发展

知识体系构建

数字化转型与元宇宙 —— 数字中国

信息与信息化 —— 信息基础 / 信息系统基础 / 信息化基础

信息化发展

农业农村现代化 / 工业现代化 / 服务现代化 —— 产业现代化

现代化基础设施 —— 新型基础设施建设 / 工业互联网 / 城市物联网

全新考情点拨

　　根据考试大纲，本章知识点涉及单项选择题，按以往的出题规律约占6～10分。本章内容属于基础知识范畴，考查的知识点主要来源于教材。

第1节 信息与信息化

知识点1 信息基础

1. 信息论的奠基者：＿＿＿＿指出信息是用来消除随机不定性的东西。

2. 信息的质量属性及其解释

信息的质量属性	解释
＿＿＿＿	对事物状态描述的精准程度
＿＿＿＿	对事物状态描述的全面程度
＿＿＿＿	信息来源合法，传输过程可信
＿＿＿＿	信息的获得及时
＿＿＿＿	信息获取、传输成本在可以接受的范围之内
＿＿＿＿	信息的主要质量属性可以证实或证伪
＿＿＿＿	信息可以被非授权访问的可能性，可能性越低，安全性越高

3. 信息传输模型

请补充完整下面的信息传输模型：

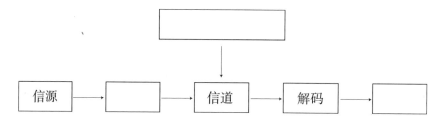

知识点2 信息系统基础

1. 信息系统的特性

（1）＿＿＿＿＿＿是指系统的可访问性。这个特性决定了系统可以被外部环境识别，体现在系统有清晰描述并被准确识别和理解的接口层。

（2）＿＿＿＿＿＿是指系统可能存在着丧失结构、功能、秩序的特性，系统一旦被侵入，整体性会被破坏，甚至面临崩溃和系统瓦解。

（3）＿＿＿＿＿＿又称鲁棒性，是指系统具有能够抵御出现非预期状态的特性。

2. 信息系统生命周期

信息系统的生命周期可以简化为：＿＿＿＿＿＿（可行性分析与项目开发计划），系统分析（需求分析），_____（概要设计、详细设计），_____（编码、测试），系统运行和维护等阶段。

3. 信息系统各生命周期阶段的任务

（1）_____：对建设新系统的需求做出分析和预测，研究建设新系统的必要性和可能性，写出可行性研究报告。该阶段会输出_____。

（2）_____：回答系统"做什么"的问题，描述现行系统的业务流程，找出局限和不足，确定新系统的基本目标和逻辑功能要求。该阶段会输出_____。

（3）_____：回答系统"怎么做"的问题，考虑实际条件，具体设计实现逻辑模型的技术方案。该阶段会输出_____。

（4）_____：是将设计的系统付诸实施的阶段。这一阶段的任务包括计算机等设备的购置、安装和调试，程序的编写和调试，人员培训，数据文件转换，系统调试与转换等。

（5）_____：记录系统运行的情况，根据一定的规则对系统进行必要的修改，评价系统的工作质量和经济效益。

知识点3 信息化基础

1. 信息化的内涵

（1）信息化的内涵主要包括：_____、_____、_____、_____。

（2）信息化的主体是_____，包括政府、企业、事业、团体和个人；信息化的时域是一个_____的过程，它的空域是政治、经济、文化、军事和社会的_____。

2. 信息化体系六要素的地位

_____是核心，_____是龙头，_____是基础设施，_____是物质基础，_____是成功之本，_____和_____是保障。

3. 信息化的趋势

（1）_____：物质产品的特征向信息产品的特征迈进；产品具有越来越强的信息处理功能。

（2）_____：农业、工业、服务业等传统产业广泛利用信息技术实现产业内各种资源、要素的优化与重组，从而实现产业的升级。

（3）_____：整个社会体系采用先进的信息技术，建立各种互联网平台和网络，生活获得各种便利。

（4）_____：指在经济大系统内实现统一的信息大流动，使金融、贸易、投资、计划、营销等组成一个信息大系统，生产、流通、分配、消费等经济的四个环节通过信息进一步连成一个整体。它是世界各国急需实现的目标。

第2节　现代化基础设施

知识点1　新型基础设施建设

"新基建"

（1）新基建包括_____、特高压、_____和城际轨道交通、_____、大数据中心、人工智能、_____等七大领域。

（2）新基建包括三方面，分别为：

- _____：基于新一代信息技术演化生成的基础设施，包括通信网络基础设施、新技术基础设施、算力基础设施。凸显"_____"。

- _____：深度应用互联网、大数据、人工智能等技术，支撑传统基础设施转型升级，进而形成的基础设施，包括智能交通基础设施、智慧能源基础设施。重在"_____"。

- _____：支撑科学研究、技术开发、产品研制的具有公益属性的基础设施。包括重大科技基础设施、科教基础设施、产业技术创新基础设施。强调"_____"。

知识点2　工业互联网

工业互联网四大层级

四大层级	地位	内容
_____	基础	包括_____、_____和_____三部分
_____	中枢	包括边缘层、IaaS、PaaS、SaaS 四个层级
_____	要素	三个特性：重要性、专业性、复杂性
_____	保障	监测预警、应急响应、检测评估、功能测试

知识点3　城市物联网

1. 物联网

物联网是指通过_____，按约定的协议，将任意物体与网络相连接，物体通过信息传播媒介进行信息交换和通信，以实现智能化识别、定位、跟踪、监管等功能。

2. 物联网的典型应用

_____：以信息技术为支撑，在物流的运输、仓储、包装、装卸、配送等各个环节实现系统感知、全面分析及处理等功能。

_____：利用信息技术将人、车和路紧密地结合起来，包括智能公交车、自动驾驶、智慧停车、智能红绿灯、汽车电子标识、充电桩、高速无感收费等。

_____：对拍摄的图像进行传输与存储，并分析处理门禁、报警和监控。

_____：主要集中在水能、电能、燃气、路灯等能源和用电装置，以及井盖、垃圾桶等环保装置。

_____：通过传感器对病人的生理状态进行监测，通过 RFID 技术对医疗设备、物品进行监控与管理。

_____：主要体现在照明用电、消防监测、智慧电梯、楼宇监测，以及运用于古建筑领域的白蚁监测。

_____：使用不同的方法和设备来提高人们的生活能力，使家庭变得更舒适、安全和高效。

_____：以电商和商场、超市和便利店、自动售货机为代表。

第3节 产业现代化

知识点1 农业农村现代化

1. 农业现代化

_____是农业现代化的重要技术手段。

农业信息化是以信息化的方式改造传统农业，把农业发展推进到更高阶段，实现信息时代的农业现代化。

2. 乡村振兴战略

推进农业农村数字化发展，重点是完善农村_____，加快数字技术推广应用，让广大农民共享数字经济发展红利。

要聚焦数字赋能农业农村现代化建设，重点是_____、_____、_____等方面。

知识点2 工业现代化

1. 两化融合

（1）两化融合的含义：_____和_____的高层次的深度结合。

（2）两化融合的_____：信息化支撑，追求可持续发展模式。

（3）两化融合的内容：

- _____：指工业技术与信息技术的融合，产生新的技术，推动技术创新（如汽车电子技术、工业控制技术）。

- _____：指电子信息技术或产品渗透到产品中，增加产品的技术含量，从而提高使用产品的附加值（如数控机床、智能家电、遥控飞机）。

- _____：指信息技术应用到企业研发设计、生产制造、经营管理、市场营销等各个环节，推动企业业务创新和管理升级。

- _____：指两化融合可以催生出的新产业，形成一些新兴业态，如工业电子、工业软件、工业信息服务业。

2. 智能制造

（1）智能制造是基于新一代_____与先进制造技术深度融合，贯穿于设计、生产、管理、服务等制造活动的各个环节，具有_____、_____、_____、自执行、自适应等功能的新型生产方式。

（2）智能制造能力成熟度模型（自低向高）。

- _____：企业应开始对实施智能制造的基础和条件进行规划，能够对核心业务活动（设计、生产、物流、销售、服务）进行流程化管理。

- _____：企业应采用自动化技术、信息技术手段对核心装备和业务活动等进行改造和规范，实现单一业务活动的数据共享。

- _____：企业应对装备、系统等开展集成，实现跨业务活动间的数据共享。

- _____：企业应对人员、资源、制造等进行数据挖掘，形成知识、模型等，实现对核心业务活动的精准预测和优化。

- _____：企业应基于模型持续驱动业务活动的优化和创新，实现产业链协同并衍生新的制造模式和商业模式。

知识点3 服务现代化

1. 融合形态

（1）_____：指在制造业产品生产过程中，中间投入品中服务投入所占的比率越来越大，中间投入品中制造业产品投入所占比重也越来越大，如在产品的市场调研、产品研发、员工培训、管理咨询和销售服务的投入日益增加。

（2）_____：指越来越多的制造业实体产品必须与相应的服务产品绑定在一起使用，才能使消费者获得完整的功能体验。比如消费者对制造业产品的需求不再仅是有形产品，而是从产品的购买、使用、维修到报废、回收全生命周期的服务保证，如对拍照、发电邮、听音乐等服务的需求，推动了手机由单一功能向功能更丰富的多媒体方向升级。

（3）_____：指以体育文化产业、娱乐产业为代表的服务业引导周边衍生产品的生产需求，从而带动相关制造产业的共同发展，如电影、动漫、体育赛事等能够带来大量的衍生品消费。

2. 消费互联网

（1）消费互联网的本质是个人_____，_____个人生活消费体验。

（2）消费互联网的基本属性：_____（以自媒体、社会媒体、资讯为主的网站）、_____（在线旅行、为消费者提供生活服务的电子商务等）。

（3）消费互联网应用新格局：

新型网络经济，如网络商城、快递、餐饮外卖、_____等，成就了社交网络的消费互联网的核心地位。

消费互联网进一步_____了"_____"的发展进程。

第4节　数字中国

1. 数字经济

（1）_____：指为产业数字化发展提供数字技术、产品、服务、基础设施和解决方案，以及完全依赖于数字技术、数据要素的各类经济活动。其发展重点包括云计算、大数据、物联网、工业互联网、区块链、人工智能、增强现实和虚拟现实。

（2）_____：是指在新一代数字科技支撑和引领下，以_____为关键要素，以价值释放为核心，以数据赋能为主线，对产业链上下游的全要素数字化升级、转型和再造的过程。

（3）_____：其核心特征是全社会的数据互通、数字化的全面协同与跨部门的流程再造，形成"用数据说话、用数据决策、用数据管理、用数据创新"的治理机制。

（4）数据价值化的"三化"框架，即_____、_____、_____。

2. 数字政府

（1）数字政府建设的关键词主要包括_____、_____、_____。

（2）数字政府的主要内容体现在：

- _____：依托于一体化在线政务服务平台，各个政务部门的业务只需要在同一个网上大厅即可办理。
- _____：有效满足各类市场主体和广大人民群众异地办事需求。
- _____：围绕城市治理水平的提升，用实时在线数据和各类智能方法，及时、精准地发现问题、对接需求、研判形势、预防风险，最早时间以最小成本解决突出问题。通常强调：_____、一屏、_____、_____、创新。

3. 数字社会

（1）数字民生建设重点强调：_____、_____、_____。

（2）智慧城市基本原理：

- 强调"人民城市为人民"，以_____为中心，以面向政府、企业、市民等主体提供智慧化的服务为主要模式。
- 重点强化_____、_____、_____、_____和_____五个核心能力要素建设。
- 更加注重规划设计、部署实施、运营管理、评估改进和创新发展在内的智慧城市全生命周期管理。
- 目标旨在推动城市治理、民生服务、生态宜居、产业经济、精神文明五位一体的高质量发展。
- 持续推动城市治理体系与治理能力现代化水平提升。

（3）智慧城市成熟度等级：（一级）_____、（二级）_____、（三级）_____、（四级）_____、（五级）_____。

（4）数字乡村是伴随_____、_____和_____在农业农村经济社会发展中的应用，以及农民现代信息技能的提高而内生的农业农村现代化发展和转型进程。

（5）数字生活主要体现在：_____、_____、_____。

4. 数字生态

（1）_____作为新型生产要素，具有劳动工具和劳动对象的双重属性，是数字经济的关键要素。

（2）数字营商环境评价指标体系中的5个一级指标：

- _____，包含普遍接入、智慧物流设施、电子支付设施。
- _____，包含公共数据开放、数据安全。
- _____，包含数字经济业态市场准入、政务服务便利度。
- _____，包含平台企业责任、商户权利与责任、数字消费者保护。
- _____，包含数字创新生态、数字素养与技能、知识产权保护。

知识点 数字化转型与元宇宙

1. 数字化转型

（1）数字化转型的驱动因素：

- 生产力飞升：第_____次科技革命。
- 生产要素变化：_____是与土地、劳动力、资本和技术并列的主要生产要素。
- 信息_____突破：社会互联网新格局。

社会"智慧主体"规模：快速复制与"_____"。

（2）智慧转移的S8D模型：基于DIKW模型，构筑了"_____""_____"两大过程的8个转化活动。

（3）DIKW模型：_____、_____、_____和_____。

2. 元宇宙

元宇宙的主要特征：_____、_____、虚拟经济、虚拟社会治理。

第2章

信息技术发展

知识体系构建

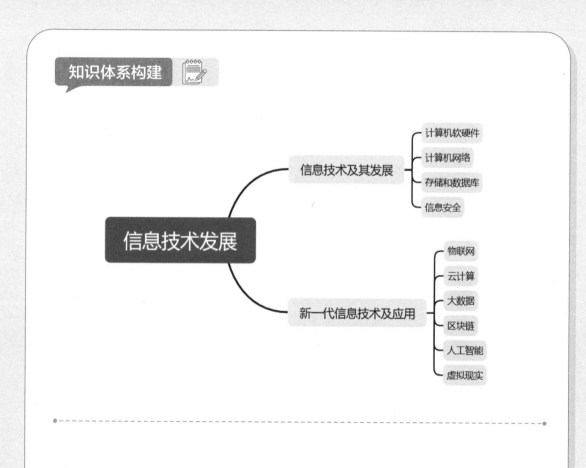

全新考情点拨

根据考试大纲，本章知识点涉及单项选择题，按以往的出题规律，约占5~6分。本章内容属于基础知识范畴，考查的知识点主要来源于教材。

第1节 信息技术及其发展

知识点1 计算机软硬件

1. 计算机硬件

（1）计算机硬件主要分为：＿＿＿＿＿＿、＿＿＿＿＿＿、＿＿＿＿＿＿、＿＿＿＿和＿＿＿＿。

（2）＿＿＿＿＿根据事先给定的命令发出控制信息，使整个计算机指令执行过程一步一步地进行。控制器是整个计算机的中枢神经。

（3）＿＿＿＿＿的功能是对数据进行各种算术运算和逻辑运算，即对数据进行加工处理。

（4）存储器分为内存储器和外存储器，内存储器包括＿＿＿＿＿＿＿＿＿、＿＿＿＿＿＿＿＿＿两大类；外存储器一般包括软盘和软驱、＿＿＿＿＿、＿＿＿＿＿、移动硬盘、＿＿＿＿＿等。

（5）常见的＿＿＿＿有＿＿＿＿＿、＿＿＿＿＿、麦克风、摄像头、＿＿＿＿、扫码枪、手写板、触摸屏等。

（6）常用的＿＿＿＿有显示器、＿＿＿＿＿、激光印字机和绘图仪等。

2. 计算机软件

计算机软件分为＿＿＿＿、＿＿＿＿和＿＿＿＿。

知识点2 计算机网络

1. 通信基础

（1）一个通信系统包括三大部分：＿＿＿＿＿（发送端或发送方）、＿＿＿＿（传输网络）和＿＿＿＿（接收端或接收方）。

（2）现代的关键通信技术有＿＿＿＿＿＿、＿＿＿＿＿＿、＿＿＿＿＿＿等。

2. 通信网络

（1）从网络的作用范围可将网络类别划分为＿＿＿＿＿＿、＿＿＿＿＿＿、＿＿＿＿＿＿、＿＿＿＿＿。

（2）从网络的使用者角度可以将网络分为＿＿＿＿＿、＿＿＿＿＿。

3. 网络设备

（1）信息在网络中的传输技术主要有＿＿＿＿＿＿＿和＿＿＿＿＿＿。

（2）在计算机网络中，按照交换层次的不同，网络交换可以分为＿＿＿＿＿＿交换、＿＿＿＿＿交换、＿＿＿＿＿交换、＿＿＿＿＿交换、＿＿＿＿＿交换。

（3）在网络互连时，各节点一般不能简单地直接相连，而是需要通过一个＿＿＿＿来实现，包括＿＿＿＿＿（实现物理层协议转换，在电缆间转换二进制信号）、＿＿＿＿＿（实现物理层和数据链路层协议转换）、＿＿＿＿＿（实现网络层和以下各层的协议转换）、＿＿＿＿＿（提供从底层到传输层或以上各层的协议转换）和交换机等。

4. 网络标准协议

（1）网络协议的三要素：＿＿＿＿＿（做什么）、＿＿＿＿＿（怎么做）和＿＿＿＿（做的顺序）。

（2）OSI七层协议从下到上为：＿＿＿＿＿、＿＿＿＿＿、＿＿＿＿＿、＿＿＿＿＿、＿＿＿＿＿、＿＿＿＿＿、＿＿＿＿＿。

（3）＿＿＿＿＿协议是互联网协议的核心，处于OSI的＿＿＿＿＿，包括以下协议：

- ＿＿＿＿＿：文件传输协议。
- ＿＿＿＿＿：简单文件传输协议。
- ＿＿＿＿＿：超文本传输协议。
- ＿＿＿＿＿：简单邮件传输协议。
- ＿＿＿＿＿：动态主机配置协议。
- ＿＿＿＿＿：远程登录协议。
- ＿＿＿＿＿：域名系统。
- ＿＿＿＿＿：简单网络管理协议。

（4）在OSI的＿＿＿＿＿有两个重要的传输协议，分别是＿＿＿＿＿（传输控制协议）和＿＿＿＿＿（用户数据报协议），这些协议负责提供＿＿＿＿、＿＿＿＿和＿＿＿＿。

5. 软件定义网络

（1）＿＿＿＿＿（SDN）是一种新型网络创新架构，是网络虚拟化的一种实现方式，它可通过软件编程的形式定义和控制网络，其通过将网络设备的＿＿＿＿＿与＿＿＿＿＿分离开来，从而实现了网络流量的灵活控制，使网络变得更加智能，为核心网络及应用的创新提供了良好的平台。

（2）SDN的整体架构由下到上（由南到北）分为＿＿＿＿、＿＿＿＿＿和＿＿＿＿。

（3）SDN中的接口具有开放性，以＿＿＿＿＿为逻辑中心，南向接口负责与＿＿＿＿＿进行通信，北向接口负责与＿＿＿＿进行通信。

（4）OpenFlow最基本的特点是基于_____（Flow）的概念来匹配转发规则。

6. 第五代移动通信技术

（1）第五代移动通信技术（5G）是具有_____、_____和_____特点的新一代移动通信技术。

（2）5G的三大类应用场景，即_____、_____和_____。

（3）_____主要面向移动互联网流量爆炸式增长，为移动互联网用户提供更加极致的应用体验。

（4）_____主要面向_____、_____、_____等对时延和可靠性有极高要求的垂直行业应用需求。

（5）_____主要面向智慧城市、智能家居、环境监测等以传感和数据采集为目标的应用需求。

知识点3 存储和数据库

1. 存储技术

（1）存储分类根据服务器类型分为_____的存储和_____的存储。_____主要指大型机等服务器。_____指基于包括麒麟、欧拉、UNIX、Linux等操作系统的服务器。

（2）外挂存储根据连接方式分为_____（DAS）和_____（FAS）。

（3）网络化存储根据传输协议又分为_____（NAS）和_____（SAN）。

（4）_____是"云存储"的核心技术之一，它把来自一个或多个网络的存储资源整合起来，向用户提供一个抽象的逻辑视图，用户可以通过这个视图中的统一逻辑接口来访问被整合的存储资源。

2. 数据结构模型

（1）常见的数据结构模型有三种：_____、_____和_____。

（2）_____使用_____结构来表示数据之间的层次关系。每个节点只能有一个父节点，但可以有多个子节点。这种模型数据结构简单清晰、数据库查询效率高。

（3）_____使用_____来表示实体类型及实体间联系的数据结构。这种模型结构比较复杂、数据独立性差。

（4）_____是用_____的形式表示实体以及实体之间的联系的模型。这种模型结构简单易用、易于管理和可扩展。

3. 常用数据库类型

（1）数据库根据存储方式可以分为_____（SQL）和_____（NoSQL）。

（2）_____支持事务的ACID原则，即原子性、一致性、隔离性、持久性这四种。

（3）_____是_____、_____、不保证遵循ACID原则的数据存储系统。该数据库的特征包括_____的存储、基于_____的模型、具有_____的使用场景。

（4）常用数据库类型的优缺点：

数据库类型	特点类型	描述
关系型数据库	优点	① _____； ② _____； ③ _____
	缺点	① 大量数据、高并发下_____不足； ② 具有固定的表结构，因此_____； ③ 多表的关联查询导致性能欠佳
非关系型数据库	优点	① 高并发，_____； ② 基本支持_____； ③ 简单
	缺点	① 事务支持较弱； ② _____差； ③ 无完整约束，复杂业务场景支持较差

4. 数据仓库

（1）数据仓库是一个面向_____的、_____、非易失的且_____的数据集合，用于支持_____。

（2）_____：用户从数据源抽取出所需的数据，经过数据清洗、转换，最终按照预先定义好的数据仓库模型，将数据加载到数据仓库中去。

（3）_____是数据仓库系统的基础，是整个系统的数据源泉。

（4）_____是整个数据仓库系统的核心和关键。

（5）_____对分析需要的数据进行有效集成，按多维模型予以组织，以便进行多角度、多层次的分析，并发现趋势。

（6）_____主要包括各种查询工具、报表工具、分析工具、数据挖掘工具，以及各种基于数据仓库或数据集市的应用开发工具。

知识点4 信息安全

1. 信息安全基础

（1）信息安全三要素：

- _____：信息不被泄露给未授权的个人、实体和过程，或不被其使用的特性。简单地说，就是确保所传输的数据只被其预定的接收者读取。

- _____：保护资产的正确和完整的特性。简单地说，就是确保接收到的数据即是发送的数据，数据不应该被改变。
- _____：需要时，授权实体可以访问和使用的特性。

（2）信息系统安全可以划分为以下四个层次：

- _____：设备的稳定性、可靠性、可用性。
- _____：包括秘密性、完整性和可用性。
- _____：信息内容在政治上是健康的，符合国家的法律法规，符合中华民族优良的道德规范等。
- _____：行为的秘密性、完整性、可控性。

2. 加密与解密

（1）对称加密技术：文件加密和解密使用_____的密钥。

（2）非对称加密技术：分为_____和_____，一个用来加密、另一个用来解密。

（3）_____：将任意长的报文M映射为定长的_____，也称报文摘要。

（4）_____：它是证明当事者的身份和数据真实性的一种信息，_____、_____、能验真伪。

（5）_____：又称鉴别或确认，它是证实某事是否名副其实或是否有效的一个过程。

3. 信息系统安全

（1）操作系统面临的安全威胁主要有 _____、_____、_____、_____、_____。

（2）常见的网络威胁包括_____、_____、_____、拒绝服务（DoS）攻击及分布式拒绝服务（DDoS）攻击、僵尸网络、网络钓鱼、网络欺骗、网站安全威胁。

4. 网络安全技术

（1）_____：建立在内外网络边界上的过滤机制，内部网络被认为是安全和可信赖的，而外部网络被认为是不安全和不可信赖的。

（2）入侵检测与防护：

- _____（IDS）：注重网络安全状况的监管，通过监视网络或系统资源，寻找违反安全策略的行为或攻击迹象并发出报警。因此绝大多数IDS都是被动的。
- _____（IPS）：倾向于提供主动防护，注重对入侵行为的控制。

（3）_____：是依靠ISP（Internet服务提供商）和其他NSP（网络服务提供商），在公用网络中建立专用的、安全的数据通信通道的技术。

（4）_____：包括漏洞扫描、端口扫描、密码类扫描（发现弱口令密码）等。

（5）_____：是一种主动防御技术，也是一个"诱捕"攻击者的陷阱。它通过模拟一个或多个易受攻击的主机和服务，给攻击者提供一个容易攻击的目标，延缓对真正目标的攻击。

第2节 新一代信息技术及应用

💡 知识点1 物联网

1. 技术基础

（1）物联网架构：_____、_____、_____。

（2）_____由各种_____构成，包括温度传感器、二维码标签、RFID标签和读写器、摄像头、GPS等感知终端，是物联网_____、_____的来源。

（3）_____由各种网络，包括互联网、广电网、网络管理系统和云计算平台等组成，是整个物联网的_____，负责_____感知层获取的信息。

（4）_____是物联网和用户的接口，它与行业需求结合以实现物联网的_____。

2. 关键技术

（1）_____是一种检测装置，它能将检测到的信息，按一定规律变换为电信号或其他所需形式的信息输出，以满足信息的传输、处理等要求。

（2）_____（RFID）是物联网中使用的一种传感器技术，可通过无线电信号识别特定目标并读写相关数据。

（3）_____（MEMS）是由微传感器、微执行器、信号处理和控制电路、通信接口和电源等部件组成的一体化的微型器件系统。

💡 知识点2 云计算

云服务类型

- _____（IaaS）：向用户提供_____、_____等基础设施方面的服务。这种服务模式需要较大的基础设施投入和长期运营管理经验，其单纯出租资源的盈利能力有限。

- _____（PaaS）：向用户提供虚拟的_____、_____、_____等

平台化的服务。PaaS服务的重点不在于＿＿＿＿＿＿＿，而更注重构建和形成紧密的产业生态。

- ＿＿＿＿＿＿（SaaS）：向用户提供＿＿＿＿＿＿（如CRM、办公软件等）、＿＿＿＿＿＿、工作流等虚拟化软件的服务，SaaS一般采用＿＿＿＿＿＿和＿＿＿＿＿＿，通过Internet向用户提供多租户、可定制的应用能力，使软件提供商从软件产品的生产者转变为应用服务的运营者。

知识点3　大数据

1. 大数据的特点

大数据的主要特征包括＿＿＿＿、＿＿＿＿＿＿、＿＿＿＿＿＿、＿＿＿＿＿＿等。

2. 关键技术

（1）分布式计算的核心是将任务＿＿＿＿＿＿＿＿，分配给多台计算机进行处理，通过＿＿＿＿＿＿的机制，达到节约整体计算时间，提高计算效率的目的。

（2）＿＿＿＿＿＿就是从大量、不完全、有噪声、模糊、随机的实际应用数据中，提取隐含在其中的、人们事先不知道的，但又是潜在有用的信息和知识的过程。

知识点4　区块链

1. 技术基础

（1）区块链分为＿＿＿＿＿＿、＿＿＿＿＿＿、＿＿＿＿＿＿和＿＿＿＿＿＿四大类。

（2）区块链的典型特征：＿＿＿＿、＿＿＿＿、＿＿＿＿、＿＿＿＿、＿＿＿＿、＿＿＿＿、＿＿＿＿。

2. 关键技术

（1）＿＿＿＿＿＿：每一个节点保存一个唯一、真实账本的副本，账本里的任何改动都会在所有的副本中被反映出来。

（2）区块链系统中的加密算法一般分为＿＿＿＿＿＿和＿＿＿＿＿＿。

（3）＿＿＿＿＿＿：在没有中心点总体协调的情况下，所有节点要根据一定的规则和机制，对某一提议是否能够达成一致进行计算和处理。

知识点5　人工智能

关键技术

人工智能的关键技术主要包括：

- _____：是一种自动将模型与数据匹配，并通过训练模型对数据进行"学习"的技术。

- _____：它研究能实现人与计算机之间用自然语言进行有效通信的各种理论和方法。它主要应用于机器翻译、_____、_____、_____、_____、_____、文本语义对比、语音识别等方面。

- _____：是一种模拟人类专家解决领域问题的计算机程序系统。

知识点6 虚拟现实

主要特征

虚拟现实技术的主要特征包括_____、_____、_____、_____和_____。

第3章

信息技术服务（IT服务）

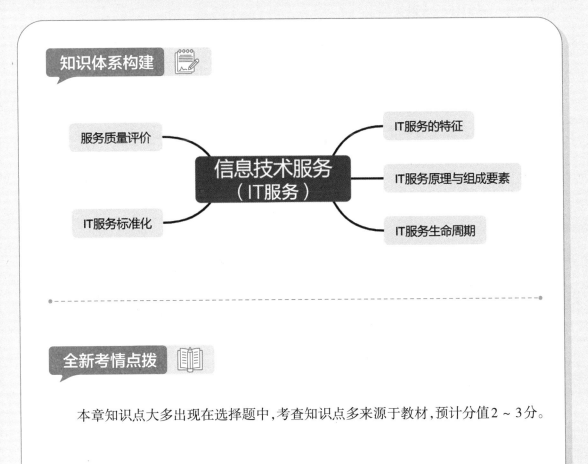

知识体系构建

服务质量评价

信息技术服务
（IT服务）

IT服务标准化

IT服务的特征

IT服务原理与组成要素

IT服务生命周期

全新考情点拨

本章知识点大多出现在选择题中，考查知识点多来源于教材，预计分值2~3分。

第1节　IT服务的特征

IT服务的特征如下。

（1）_____：指服务在很大程度上是抽象的和无形的。例如，理发、听音乐会、到海边度假等。

（2）_____：又叫同步性，指生产和消费是同时进行的，如照相、理发等。

（3）_____：也叫异质性，指服务的质量水平会受到相当多因素的影响。

（4）_____：也叫易逝性、易消失性，指服务无法被储藏起来，以备将来使用、转售、延时体验或退货等。

第2节　IT服务原理与组成要素

（1）IT服务的基本原理，由_____、_____、_____组成。

（2）IT服务由_____、_____、_____组成，并对这些服务的组成要素进行标准化。就IT服务而言，通常情况下是由具备匹配的知识、技能和经验的人员，合理运用资源，并通过规定的过程向需方提供服务。

第3节　IT服务生命周期

IT服务生命周期的四个阶段：_____、_____、_____、_____。

第4节　IT服务标准化

（1）IT 服务的产业化进程分为_____、_____和_____三个阶段。

（2）_____是前提，_____是保障，_____是趋势。

（3）ITSS 标准体系的原则：_____、_____、_____、_____与_____。

第5节　服务质量评价

IT服务质量模型：

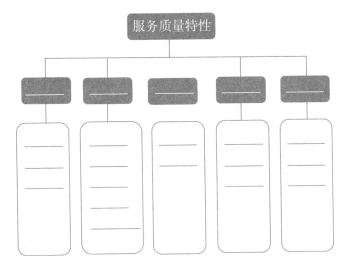

第4章

信息系统架构

知识体系构建 📝

- 云原生架构
- 安全架构
- 网络架构
- 技术架构

信息系统架构

- 架构基础
- 系统架构
- 应用架构
- 数据架构

全新考情点拨 📖

根据考试大纲，本章知识点涉及单项选择题，约占3~5分。本章内容侧重于概念知识，根据以往的出题规律，考查的知识点多数参照教材，扩展内容较少。

第1节　架构基础

信息系统体系架构总体参考框架由四个部分组成：_____、_____、_____和_____。

第2节　系统架构

（1）信息系统架构通常可分为_____、_____两种。

（2）_____是指不考虑系统各部分的实际工作与功能架构，只抽象地考查其硬件系统的空间分布情况。

（3）_____是指信息系统各种功能子系统的综合体。

（4）常见的系统融合方式包括_____、_____、_____。

（5）常用架构模式主要有_____、_____、_____、_____。

（6）TOGAF框架的核心思想：_____、_____、_____、_____。TOGAF的关键是_____。

第3节　应用架构

常用的应用架构规划与设计的基本原则：_____、_____、_____、_____、_____。

第4节　数据架构

数据架构的设计原则：_____、_____、_____、_____。

第5节　技术架构

技术架构的设计原则：_____、_____、_____、_____。

第6节　网络架构

1. 基本原则

网络架构的设计原则：_____、_____、_____、_____、_____。

2. 局域网架构

（1）局域网的特点：_____、_____、_____、_____，支持多种传输介质，支持_____。

（2）局域网架构类型：_____、_____、_____、_____。

3. 广域网架构

（1）广域网由_____与_____组成。

（2）广域网属于多级网络，通常由_____、_____、_____组成。

（3）广域网架构类型：_____、_____、_____、_____、_____、_____。

第7节　安全架构

1. 信息安全架构设计

信息安全架构设计的三大要素：_____、_____、_____。

2. WPDRRC

（1）WPDRRC模型的三要素：_____是核心，_____是桥梁，_____是保证。

（2）WPDRRC模型的六个环节包括_____、_____、_____、_____、_____和_____。

3. 信息系统安全

（1）信息系统安全设计重点考虑两个方面：_____、_____。

（2）系统安全保障体系的三个层面：_____、_____和_____。

（3）信息安全体系架构的五个方面：_____、_____、_____、_____和_____。

4. 网络安全架构设计

（1）OSI（开放系统互联）安全体系的5类安全服务：_____、_____、_____、_____、_____。

（2）_____的目的是防止其他实体占用和独立操作被鉴别实体的身份。

（3）_____决定开放系统环境中允许使用哪些资源，在什么地方适合阻止未授权访问的过程。

（4）_____的目的：确保信息仅仅对被授权者可用。

（5）_____的目的：通过阻止威胁或探测威胁，保护可能遭到不同方式危害的数据完整性和数据相关属性完整性。

（6）_____：包括证据的生成、验证和记录，以及在解决纠纷时随即进行的证据恢复和再次验证。

5. 数据库系统安全设计

（1）数据库完整性是指数据库中数据的_____和_____。

（2）数据库完整性设计体系分为_____阶段、_____设计阶段和_____设计阶段。

第8节　云原生架构

1. 架构定义

云原生的代码通常包括三部分：_____、_____、_____。其中"_____"指实现业务逻辑的代码；"_____"是业务代码中依赖的所有三方库，包括业务库和基础库；"_____"指实现高可用、安全、可观测性等非功能性能力的代码。

2. 基本原则

（1）_____：模块化处理。

（2）_____：部署规模可自动伸缩。

（3）_____：实时掌握运行情况。

（4）_____：抵御异常的能力。

（5）_____。

（6）_____：访问控制的信任基础。

（7）_____。

3. 架构模式

常用的架构模式主要有_____、_____、_____、_____、
_____、_____、_____。

第5章
软件工程

知识体系构建

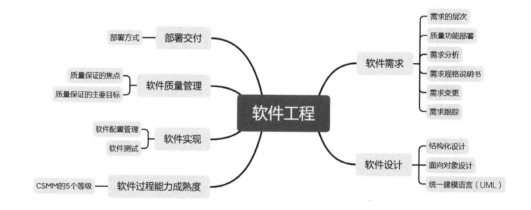

全新考情点拨

根据考试大纲，本章知识点涉及单项选择题和案例分析题，按以往的出题规律，本章内容知识细碎，偏基础，多出现在选择题中，预计分值2~3分，偶有出现在案例分析题中。本章内容属于基础知识范畴，考查的知识点多来源于教材，扩展内容较少。

第1节　软件需求

知识点1　需求的层次

需求的层次

- _____：反映组织机构或用户对系统、产品高层次的目标要求，从总体上描述了为什么要达到某种效应，组织希望达到什么目标。
- _____：描述的是用户的具体目标，或用户要求系统必须能完成的任务和想要达到的结果。
- _____：从系统的角度来说明软件的需求，包括功能需求、非功能需求和约束等。

知识点2　质量功能部署

需求分类

质量功能部署（QFD）将软件需求分为3类：

（1）_____：用户认为系统应该做到的功能或性能，实现得越多，用户会越满意。

（2）_____：用户想当然认为系统应具备的功能或性能，但并不能正确描述自己想要得到的这些功能或性能需求。如果期望需求没有得到实现，会让用户感到不满意。

（3）_____：意外需求也称为兴奋需求，是用户要求范围外的功能或性能（通常是软件开发人员很乐意赋予系统的技术特性），实现这些需求用户会更高兴，但不实现也不影响其购买的决策。

知识点3　需求分析

1.结构化分析

（1）结构化分析（SA）的核心是_____。

（2）结构化分析有3个层次的模型：_____、_____、_____。

（3）_____：描述实体、属性，以及实体之间的关系。用来表示_____。

（4）_____：从数据传递和加工的角度，利用图形符号通过逐层细分描述系统内各个部件的功能和数据在它们之间传递的情况，来说明系统所完成的功能。用来表示_____。

（5）_____：通过描述系统的状态和引起系统状态转换的事件，来表示系统的行为，指出作为特定事件的结果将执行哪些动作。用来表示_____。

（6）_____：是描述数据的信息集合，是对系统中使用的所有数据元素定义的集合。其最重要的作用是作为_____的工具。

（7）数据字典主要包括_____、_____、_____、_____、_____。

2. 面向对象分析

（1）面向对象分析（OOA）的基本原则：

- _____：抽取共同的、本质性的特征，包括过程抽象和数据抽象。
- _____：把对象的属性和服务结合，尽可能隐蔽对象的内部细节。
- _____：一般类（父）与特殊类（子）的关系。
- _____：把具有相同属性和服务的对象划分为一类。
- _____：又称组装，把事物看成若干比较简单的事物的组装体。
- _____：通过一个事物联想到另外的事物。
- _____：这一原则要求对象之间只能通过消息进行通信。
- _____：考虑全局时，注意其大的组成部分，暂不考虑具体的细节，考虑某部分的细节时则暂时撇开其余的部分。
- _____：在由大量的事物所构成的问题中，各种行为往往相互依赖、相互交织。

（2）面向对象分析（OOA）的基本步骤：_____、_____、_____、_____、_____。

💡 知识点4　需求规格说明书

基本概念

（1）软件需求规格说明书（SRS）是在_____阶段需要完成的文档，是软件需求分析的最终结果，是确保每个要求得以满足所使用的方法。编制该文档的目的是使项目干系人与开发团队对系统的初始规定有一个共同的理解，使之成为整个开发工作的基础。

（2）软件需求规格说明书（SRS）的内容包括_____、_____、_____、_____、_____、_____、_____。

💡 知识点5　需求变更

（1）所有需求变更必须_____；应该由_____决定实现哪些变更。

（2）变更控制委员会（CCB）是_____机构，不是_____机构，通常CCB的工作是通过评审手段来决定项目_____，但不提出变更方案。

知识点6 需求跟踪

1.需求跟踪的目的

确保所有的_____。

2.需求跟踪的两种方式

- _____：检查SRS中的每个需求是否都能在后继工作成果中找到对应点。
- _____：检查设计文档、代码、测试用例等工作成果是否都能在SRS中找到出处。

第2节 软件设计

知识点1 结构化设计

1.基本概念

（1）结构化设计（SD）是一种_____的方法，其目的在于确定软件结构。

（2）结构化设计的特点：_____、_____、_____、_____。

（3）结构化设计的两个阶段：_____和_____。

2.设计原则

在模块的分解中应尽量减少模块的耦合，力求增加模块的内聚，遵循"_____"的设计原则。

知识点2 面向对象设计

1.基本概念

（1）面向对象设计（OOD）的基本思想包括_____、_____和_____。

（2）可扩展性主要通过_____和_____来实现。

（3）面向对象设计的目的：提高软件的_____和_____。

2. 常用的OOD原则

（1）_____：一个类应该有且仅有一个引起它变化的原因，否则类应该被拆分。

（2）_____：对扩展开放，对修改封闭。当应用的需求改变时，在不修改软件实体的源代码或者二进制代码的前提下，可以扩展模块的功能，使其满足新的需求。

（3）_____：子类可以替换父类，即子类可以扩展父类的功能，但不能改变父类原有的功能。

（4）_____：要依赖于抽象，而不是具体实现；要针对接口编程，不要针对实现编程。

（5）_____：使用多个专门的接口比使用单一的总接口要好。

（6）_____：要尽量使用组合，而不是继承关系达到重用目的。

（7）_____：一个对象应当对其他对象有尽可能少的了解。其目的是降低类之间的耦合度，提高模块的相对独立性。

知识点3 统一建模语言（UML）

1. UML的结构

（1）UML的结构包括3个部分：_____、_____、_____。

（2）UML有3种基本的构造块：_____、_____、_____。

2. UML中的关系

UML用关系把事物结合在一起，主要有4种关系：

（1）_____：是两个事物之间的语义关系，其中一个事物发生变化会影响另一个事物的语义。

（2）_____：是指一种对象和另一种对象有联系。

（3）_____：是一般元素和特殊元素之间的分类关系，描述特殊元素的对象可替换描述一般元素的对象。

（4）_____：将不同的模型元素（例如，类）连接起来，其中的一个类指定了由另一个类保证执行的契约。

3. UML 2.0中的图

UML 2.0有14种图，一种图描述系统的组成结构，类似于概念的阐释，叫作_____；另一种图描述系统内部的行为、关系和交互，叫作_____。

（1）_____有6种：

• _____：描述一组类、接口、协作和它们之间的关系。

- _____: 描述一组对象及它们之间的关系。
- _____: 描述由模型本身分解而成的组织单元,以及它们之间的依赖关系。
- _____: 描述一个封装的类和它的接口、端口,以及由内嵌的构件和连接件构成的内部结构。
- _____: 描述类中的内部构造,包括结构化类与系统其余部分的交互点。
- _____: 描述对运行时的处理节点及在其中生存的构件的配置。

(2)_____有8种:

- _____: 是用户与系统交互的最简表示形式。
- _____: 描述一个实体基于事件反应的动态行为,显示了该实体如何根据当前所处的状态对不同的事件做出反应。
- _____: 强调对象间的控制流程。
- _____: 用来描述对象或实体随时间变化的状态或值,及其相应的时间或期限约束。它强调消息跨越不同对象或参与者的实际时间,而不只是关心消息的相对顺序。
- _____: 强调消息的时间次序的交互图。
- _____: 强调收发消息的对象或参与者的结构组织。
- _____: 是活动图和顺序图的混合物。
- _____: 描述计算机中一个系统的物理结构。

4. UML视图

(1)_____: 也称为设计视图,它表示了设计模型中在架构方面具有重要意义的部分,即类、子系统、包和用例实现的子集。

(2)_____: 是可执行线程和进程作为活动类的建模,它是逻辑视图的一次执行实例,描述了并发与同步结构。

(3)_____: 对组成基于系统的物理代码的文件和构件进行建模。

(4)_____: 把构件部署到一组物理节点上,表示软件到硬件的映射和分布结构。

(5)_____: 是最基本的需求分析模型,从外部角色的视角来展示系统功能。

第3节　软件实现

知识点1　软件配置管理

软件配置管理活动

- _____：明确软件配置控制任务。
- _____：识别要控制的配置项，并为这些配置项及其版本建立基线。
- _____：关注的是管理软件生命周期中的变更。
- _____：标识、收集、维护并报告配置管理的配置状态信息。
- _____：独立评价软件产品和过程是否遵从已有的规则、标准、指南、计划。
- _____：通常需要创建特定的交付版本，完成此任务的关键是软件库。

知识点2　软件测试

1. 测试方法

（1）_____：指被测试程序不在机器上运行，只依靠分析或检查源程序的语句、结构、过程等来检查程序是否有错误。

（2）对文档的_____主要以_____的形式进行，而对代码的_____一般采用_____、_____和_____的方式。

（3）_____：指在计算机上实际运行程序进行软件测试，对得到的运行结果与预期的结果进行比较分析，同时分析运行效率和健壮性能等。一般包括：_____和_____。

（4）_____也称为结构测试，主要用于软件单元测试中。测试人员_____程序的结构和处理算法，按照程序内部逻辑结构设计测试用例，检测程序中的主要执行通路是否都能按设计规格说明书的设定进行。

（5）_____也称为功能测试，它是通过测试来检测每个功能能否正常使用，_____程序的内部结构和处理算法。

2. 测试类型

（1）_____：涉及模块接口、局部数据结构、边界条件、独立的路径、错误处理。

（2）_____：检测程序结构组装的正确性，发现和接口有关的问题。

（3）_____：用于验证软件的功能、性能和其他特性是否与用户需求一致。

（4）_____：在真实系统工作环境下，检测完整的软件配置项能否和系统正确连接。

（5）_____：检验软件配置项与SRS的一致性。

（6）_____：测试软件变更之后变更部分的正确性和对变更需求的符合性。

第4节 部署交付

部署方式

（1）_____：指在部署的时候准备新旧两个部署版本，通过域名解析切换的方式将用户使用环境切换到新版本中，当出现问题的时候，可以快速地将用户环境切回旧版本，并对新版本进行修复和调整。

（2）_____：指当有新版本发布的时候，先让少量的用户使用新版本，并且观察新版本是否存在问题，如果出现问题，就及时处理并重新发布，如果一切正常，就稳步地将新版本适配给所有的用户。

第5节 软件质量管理

1. 质量保证的焦点

软件质量保证的关注点集中在一开始就_____。

2. 质量保证的主要目标

- _____，例如，着重于缺陷预防而不是缺陷检查。
- 尽量在刚刚引入缺陷时即将其捕获，而不是让缺陷扩散到下一个阶段。
- 作用于_____而不是_____，因此它有可能会带来广泛的影响与巨大的收益。
- _____活动之中。

第6节　软件过程能力成熟度

CSMM的5个等级

1级，_____：软件过程和结果具有不确定性。

2级，_____：项目基本可按计划实现预期的结果。

3级，_____：在组织范围内能够稳定地实现预期的项目目标。

4级，_____：在组织范围内能够量化地管理和实现预期的组织和项目目标。

5级，_____：通过技术和管理的创新，实现组织业务目标的持续提升，引领行业发展。

第6章

数据工程

知识体系构建

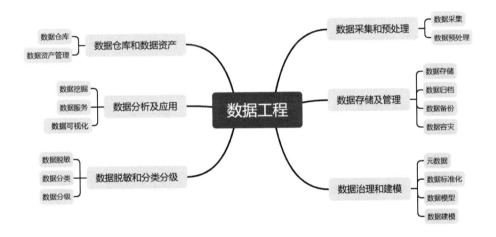

数据仓库 ─┐
数据资产管理 ─┴─ 数据仓库和数据资产

数据挖掘 ─┐
数据服务 ─┼─ 数据分析及应用
数据可视化 ─┘

数据脱敏 ─┐
数据分类 ─┼─ 数据脱敏和分类分级
数据分级 ─┘

数据工程

数据采集和预处理 ─┬─ 数据采集
　　　　　　　　　└─ 数据预处理

数据存储及管理 ─┬─ 数据存储
　　　　　　　　├─ 数据归档
　　　　　　　　├─ 数据备份
　　　　　　　　└─ 数据容灾

数据治理和建模 ─┬─ 元数据
　　　　　　　　├─ 数据标准化
　　　　　　　　├─ 数据模型
　　　　　　　　└─ 数据建模

全新考情点拨

根据考试大纲，本章知识点多涉及单项选择题，偶尔出现案例分析题，预计分值2~3分。本章内容属于基础知识范畴，考查的知识点大多来源于教材，考生需理解和掌握易考知识点。

第1节　数据采集和预处理

知识点1　数据采集

1. 数据类型

（1）_____是以关系型数据库表管理的数据。

（2）_____是指非关系模型的、有基本固定结构模式的数据，例如日志文件、XML文档、E-mail 等。

（3）_____是指没有固定模式的数据，如所有格式的办公文档、文本、图片、HTML代码、各类报表、图像和音频/视频信息等。

2. 数据采集方法

数据采集的方法可分为_____、_____、_____和其他数据采集等。

知识点2　数据预处理

1. 数据预处理的步骤

数据预处理的3个步骤：_____、_____、_____。

2. 数据预处理方法

- _____：缺失值样本占整个样本比例相对较小时，可以将有缺失值的样本直接丢弃。
- _____：把数据分成几个组，再分别计算每个组的均值，用均值代替缺失数值。
- _____：采用相似对象的值进行数据填充。

第2节　数据存储及管理

知识点1　数据存储

1. 存储介质的类型

存储介质的类型主要有____、____、____、____、闪存、云存储等。

2. 存储的形式

存储的三种形式是_____、_____和_____。

知识点2 数据归档

基础知识

（1）数据归档过程是_____的，即归档的数据可以_____到原存储介质中。

（2）数据归档注意事项：数据归档一般_____执行；数据归档之后，将会_____生产数据库的数据，将会造成_____；如果数据归档影响了线上业务，一定要_____。

知识点3 数据备份

数据备份分类

（1）_____：每次都对需要进行备份的数据进行全备份。会占用_____资源。

（2）_____：每次所备份的数据只是相对上一次完全备份之后发生变化的数据。备份时间短、_____存储空间、数据恢复_____。

（3）_____：每次所备份的数据只是相对于上一次备份后改变的数据。备份时间短、_____存储空间、数据恢复_____。

知识点4 数据容灾

基础知识

（1）_____是数据容灾的基础。

（2）数据容灾的关键技术主要包括_____技术和_____技术。

第3节 数据治理和建模

知识点1 元数据

元数据是关于_____。其实质是用于描述信息资源或数据的内容、覆盖范围、质量、管理方式、数据的所有者、数据的提供方式等有关的信息。

知识点2 数据标准化

1. 数据标准化的内容

数据标准化的主要内容包括_____、_____、数据模式标准化、数据分类与编码标准化。

2. 数据标准化的过程

数据标准化阶段的具体过程：＿＿＿＿＿＿＿＿、＿＿＿＿＿＿＿＿、＿＿＿＿＿＿＿＿、

＿＿＿＿＿＿＿＿。

💡 知识点3　数据模型

数据模型的分类

- ＿＿＿＿＿＿：也称为信息模型，它是按用户的观点来对数据和信息建模。
- ＿＿＿＿＿＿：是在概念模型的基础上确定模型的数据结构。
- ＿＿＿＿＿＿：是在逻辑模型的基础上，考虑各种具体的技术实现因素，进行数据库体系结构设计，真正实现数据在数据库中的存放。

💡 知识点4　数据建模

数据建模的过程包括＿＿＿＿＿＿、＿＿＿＿＿＿、＿＿＿＿＿＿、＿＿＿＿＿＿。

第4节　数据仓库和数据资产

💡 知识点1　数据仓库

1. 数据仓库的特点

数据仓库是一个＿＿＿＿＿＿、＿＿＿＿＿＿、＿＿＿＿＿＿、包含汇总和明细的、稳定的＿＿＿＿＿集合。

2. 数据仓库的构成

（1）数据仓库的构成包括＿＿＿＿＿＿、＿＿＿＿＿＿、＿＿＿＿＿＿、

＿＿＿＿＿＿。

（2）＿＿＿＿＿＿是数据仓库系统的＿＿＿＿＿，是整个系统的数据源泉，通常包括企业的内部信息和外部信息。

（3）＿＿＿＿＿＿＿＿是整个数据仓库系统的＿＿＿＿＿＿。

（4）＿＿＿＿＿＿＿＿＿＿＿＿＿＿对分析需要的数据进行有效集成，按多维模型予以组织，以便进行多角度、多层次的分析，并＿＿＿＿＿＿。

（5）＿＿＿＿＿＿主要包括各种查询工具、报表工具、分析工具、数据挖掘工具以及各

种基于数据仓库或数据集市的应用开发工具。

💡 知识点2 数据资产管理

在数字时代，数据是一种重要的生产要素，把数据转化成可流通的数据要素，重点包含_____、_____两个环节。

第5节 数据分析及应用

💡 知识点1 数据挖掘

数据挖掘的流程

数据挖掘流程包括_____、_____、_____、_____。

💡 知识点2 数据服务

数据服务的内容

数据服务主要包括_____、_____、_____。

💡 知识点3 数据可视化

数据可视化分类

数据可视化分为7类：_____、_____、_____、_____、_____、_____和_____。

第6节 数据脱敏和分类分级

💡 知识点1 数据脱敏

1. 数据的5个等级

L1____、L2____、L3____、L4____、L5____。

2. 数据脱敏的方式

数据脱敏方式包括_____与_____两类。

3. 数据脱敏的原则

数据脱敏原则主要包括_____、_____、_____、_____、_____、_____、_____。

知识点2 数据分类

数据分类有_____、_____两个要素。

知识点3 数据分级

（1）_____：对国家安全造成_____、_____，对公共利益造成严重危害。

（2）_____：对国家安全造成轻微危害，对公共利益造成_____、_____。

（3）_____：对_____的合法权益无危害或者造成轻微危害、一般危害、严重危害。

第7章

软硬件系统集成

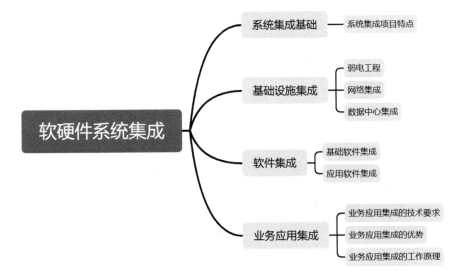

　　根据考试大纲，本章知识点涉及单选题，约占1~2分。本章内容属于基础知识范畴，考查的知识点多来源于教材，扩展内容较少。

第1节　系统集成基础

💡 知识点1　系统集成项目特点

- 集成交付队伍庞大，且往往_____不是很强。
- 设计人员高度_____，且需要_____的知识体系。
- 涉及众多承包商或服务组织，且_____在多个地区。
- 通常需要研制或开发一定量的_____。
- 通常采用大量_____、_____，乃至颠覆性技术。
- 集成成果使用越来越友好，集成实施和运维往往变得更加复杂。

第2节　基础设施集成

💡 知识点1　弱电工程

基本概念

（1）弱电一般指交流_____、_____以下的用电，是电力应用按照电力输送功率的强弱进行划分的一种方式。

（2）信息系统涉及的弱电工程包括：电话通信系统，计算机局域网系统，音乐/广播系统，有线电视信号分配系统，_____，_____，出入口控制系统/一卡通系，_____，_____，_____。

💡 知识点2　网络集成

1. 传输子系统

（1）_____是网络的_____，是网络信息的"公路"和"血管"。

（2）常用的_____主要包括无线电波、微波、红外线等。

（3）常用的_____主要包括双绞线、同轴电缆、光纤等。

2. 交换子系统

网络按所覆盖的区域范围可分为_____、_____和_____。

3. 安全子系统

网络安全主要关注的内容包括：

（1）使用_____，防止外部侵犯；

（2）使用_____技术，防止任何人从通信信道窃取信息；

（3）_____，主要是通过设置口令、密码和访问权限保护网络资源。

知识点3　数据中心集成

基础知识

（1）_____是系统集成中的关键设备，其作用是向工作站提供处理器、内存、磁盘、打印机、软件数据等资源和服务，并负责协调管理这些资源。

（2）_____是组织信息环境最重要的部位之一，是信息化的_____。

第3节　软件集成

知识点1　基础软件集成

1. 操作系统

（1）操作系统是计算机系统中最基本，也是最为重要的_____系统软件，它是一组主管并控制计算机操作，运用和运行硬件、软件资源，提供公共服务来组织用户交互的相互关联的系统软件程序。

（2）_____是一种可代替一般操作系统的软件程序，是网络环境的_____和灵魂，是向网络计算机提供服务的特殊操作系统。

（3）_____是为分布计算系统配置的操作系统。

（4）_____允许多个应用在共享同一主机操作系统内核的环境下隔离运行。

2. 数据库

数据库是按照_____来组织、存储和管理数据的仓库，是一个长期存储在计算机内的、_____、_____、_____的大量数据的集合。

3. 中间件

中间件是独立的系统级软件，连接_____和_____。

中间件的功能：_____、_____、_____。

知识点2 应用软件集成

软件构件标准

（1）_____：具备了软件集成所需要的特征——面向对象、客户机/服务器、语言无关性、进程透明性和可重用性。

（2）_____：真正的异步通信、事件服务、可伸缩性、继承并发展了MTS的特性、可管理和可配置性、易于开发等。

（3）_____：基于一组开放的互联网协议推出的一系列的产品、技术和服务，开发者可以使用多种语言快速构建网络应用。

（4）_____：使用Java技术开发组织级应用的一种事实上的工业标准，为搭建具有可伸缩性、灵活性、易维护性的组织系统提供了良好的机制。

第4节　业务应用集成

知识点1 业务应用集成的技术要求

（1）具有应用间的_____；

（2）具有分布式环境中应用的_____；

（3）具有系统中应用分布的_____。

知识点2 业务应用集成的优势

（1）_____，跨多个独立运维系统创建统一访问点，节省信息搜索时间；

（2）_____，提高整体运营效率；

（3）_____，能够打造一个可以访问多个业务应用的统一界面；

（4）_____，减少初始和后续软件投资；

（5）_____，一键访问、流程自动化。

知识点3 业务应用集成的工作原理

业务应用集成可以帮助协调连接各种业务应用的组件，包括_____、_____、_____。

第8章

信息安全工程

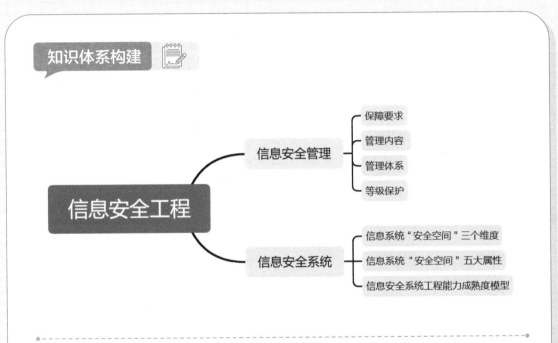

信息安全工程
- 信息安全管理
  - 保障要求
  - 管理内容
  - 管理体系
  - 等级保护
- 信息安全系统
  - 信息系统"安全空间"三个维度
  - 信息系统"安全空间"五大属性
  - 信息安全系统工程能力成熟度模型

全新考情点拨

　　根据考试大纲，本章知识点涉及单项选择题，按以往的出题规律，约占2～3分。本章内容属于基础知识范畴，考查的知识点多来源于教材，扩展内容较少。

第1节　信息安全管理

知识点1　保障要求

成立安全运行组织，需要确保以下3个方面满足保障要求：

（1）安全运行组织应包括_____、_____和_____等相关部门，_____是核心，_____是实体，_____是使用者。

（2）_____要明确安全职责，制定安全管理细则，做到_____、_____、_____的原则。

（3）_____是主要由管理人员和技术人员共同参与的内部机制，要提出应急响应的计划和程序，提供对安全事件的技术支持和指导，提供安全漏洞或隐患信息的通告、分析和安全事件处理等相关培训。

知识点2　管理内容

管理内容的4方面

（1）_____：主要包括信息安全策略、信息安全角色与职责、职责分离、管理职责、威胁情报、身份管理、访问控制等。

（2）_____：包括筛选、雇佣、信息安全意识与教育、保密或保密协议、远程办公、安全纪律等。

（3）_____：包括物理安全边界、物理入口、物理安全监控、防范物理和环境威胁、设备选址和保护、存储介质、布线安全和设备维护等。

（4）_____：包括用户终端设备、特殊访问权限、信息访问限制、访问源代码、身份验证、容量管理、恶意代码与软件防范、技术漏洞管理、配置管理、信息删除、数据屏蔽、数据泄露预防、网络安全和信息备份等。

知识点3　管理体系

建立信息系统安全组织机构管理体系的步骤

（1）配备_____；

（2）建立_____；

（3）成立_____；

（4）_____出任领导；

（5）建立＿＿＿＿＿＿＿＿＿＿＿＿＿。

知识点4　等级保护

1. 安全保护等级划分

《信息安全等级保护管理办法》将信息系统的安全保护等级分为以下5级：

第一级，信息系统受到破坏后，会对公民、法人和其他组织的合法权益造成＿＿＿＿＿＿＿＿，对国家安全、社会秩序和公共利益＿＿＿＿＿＿＿＿。

第二级，信息系统受到破坏后，会对公民、法人和其他组织的合法权益产生＿＿＿＿＿＿＿，或者对社会秩序和公共利益造成＿＿＿＿＿＿＿＿，对国家安全＿＿＿＿＿＿＿。

第三级，信息系统受到破坏后，会对社会秩序和公共利益造成＿＿＿＿＿＿＿，或者对国家安全造成＿＿＿＿＿＿＿。

第四级，信息系统受到破坏后，会对社会秩序和公共利益造成＿＿＿＿＿＿＿＿＿＿，或者对国家安全造成＿＿＿＿＿＿＿。

第五级，信息系统受到破坏后，会对国家安全造成＿＿＿＿＿＿＿＿＿＿。

2. 安全保护能力等级划分

《信息安全技术 网络安全等级保护基本要求》规定了不同级别的等级保护对象应具备的基本安全保护能力：

第一级安全保护能力：应能够防护免受来自个人的、＿＿＿＿＿＿＿＿＿＿的威胁源发起的恶意攻击、＿＿＿＿＿＿＿自然灾难。

第二级安全保护能力：应能够防护免受来自＿＿＿＿＿＿＿＿＿、＿＿＿＿＿＿＿＿＿的威胁源发起的恶意攻击、一般的自然灾难。

第三级安全保护能力：应能够在＿＿＿＿＿＿＿＿＿下防护免受来自外部有＿＿＿＿＿＿＿、＿＿＿＿＿＿＿＿＿＿的威胁源发起的恶意攻击、较为严重的自然灾难的损害。

第四级安全保护能力：应能够在＿＿＿＿＿＿＿＿＿下防护免受来自＿＿＿＿＿＿＿＿、＿＿＿＿＿＿＿、＿＿＿＿＿＿＿＿＿的威胁源发起的恶意攻击、严重的自然灾难的损害。

第2节　信息安全系统

知识点1　信息系统"安全空间"三个维度

安全空间构成

- X轴是＿＿＿＿＿＿＿＿：包含基础设施安全、平台安全、＿＿＿＿＿＿＿＿＿、＿＿＿＿＿＿＿＿＿、

_____、运行安全、管理安全、授权和审计安全、安全防范体系等。

- Z 轴是_____：包括_____、_____、_____、数据完整性服务、数据源点认证服务、禁止否认服务和犯罪证据提供服务等。
- Y 轴是_____。

知识点2 信息系统"安全空间"五大属性

1. 安全空间的五大属性

_____、_____、_____、_____、_____。

2. 信息安全系统工程实施过程

_____、_____、_____。

知识点3 信息安全系统工程能力成熟度模型

1. 信息安全系统工程能力成熟度模型的两维设计

_____、_____。

2. 信息安全系统工程能力成熟度模型

Level 1：_____

Level 2：_____

Level 3：_____

Level 4：_____

Level 5：_____

第9章
项目管理概论

知识体系构建

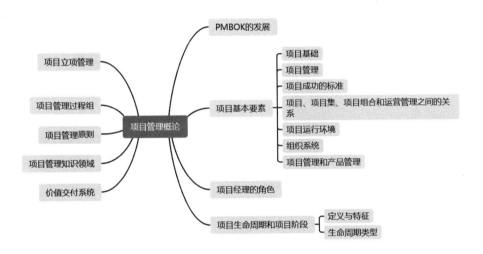

全新考情点拨

　　本章知识点涉及单项选择题、案例题，按以往的出题规律分值约占3~4分。本章内容属于基础知识范畴，考查的知识点既来源于教材，也有少量扩展内容。

第1节　PMBOK的发展

（1）项目管理知识体系（PMBOK）是描述项目管理专业范围的知识体系，包含了对项目管理所需的_____、_____和_____的描述。

（2）在PMBOK指南的发展过程中，1996年的第1版定位为指南，名为_____。

（3）PMBOK6首次将_____内容纳入正文，增加新实践、裁剪和敏捷考虑因素。

（4）PMBOK7增加了8个_____，增加12个_____，并体现了各种开发方法，如_____、_____、_____。

（5）_____强调过程的输出是为了实现项目的成果，而实现项目的成果的最终目标是将价值交付给_____。

第2节　项目基本要素

知识点1　项目基础

项目的概念

（1）项目是为提供一项独特的_____、服务或_____所做的_____工作。

（2）_____可能是有形的，也可能是无形的。

（3）项目的"临时性"是指项目有明确的_____和_____，"临时性"并不一定意味着项目的_____短。

（4）项目驱动变更，从_____角度看，项目旨在推动组织从一个状态转到另一个状态，从而达成特定目标，获得更高的业务价值。

知识点2　项目管理

（1）项目管理就是将_____、_____、工具与技术应用于项目活动，以满足项目的要求。

（2）项目管理不善或缺失的后果：项目超过时限、_____、项目质量低劣、返工、_____、组织声誉受损、_____、无法达成目标等。

（3）_____是组织创造价值和效益的主要方式。

知识点3　项目成功的标准

（1）＿＿＿＿、成本、＿＿＿＿和＿＿＿＿等项目管理测量指标历来被视为确定项目是否成功的最重要的因素。

（2）明确记录项目目标并选择＿＿＿＿的目标是项目成功的关键。

（3）主要干系人和项目经理应思考3个问题：怎样才算项目成功、＿＿＿＿＿＿＿＿、＿＿＿＿＿＿＿＿＿＿＿＿。

知识点4　项目、项目集、项目组合和运营管理之间的关系

1. 概念

（1）一个项目可以采用3种不同的模式进行管理：＿＿＿＿＿＿、在项目集内、＿＿＿＿＿＿。

（2）＿＿＿＿是一组相互关联且被协调管理的项目、子项目集和项目集活动，目的是获得分别管理所无法获得的利益。

（3）＿＿＿＿是指为实现战略目标而组合在一起管理的项目、项目集、子项目组合和运营工作。

（4）从组织的角度看，＿＿＿＿＿＿＿＿管理的重点在于以"正确"的方式开展项目集和项目，即"正确地做事"，而项目组合管理则注重于开展"正确"的项目集和项目，即"＿＿＿＿＿"。

2. 项目集管理

项目集管理注重项目集组成部分之间的＿＿＿＿，以确定管理这些项目的最佳方法。

3. 项目组合管理

要实现项目组合价值的最大化，需要精心检查项目组合的各个组成部分。确定它们的＿＿＿＿，使最有利于组织＿＿＿＿的部分拥有所需的财力、人力和实物资源。

4. 运营管理

运营管理□属于□不属于项目管理范围（在正确选项前的□中打钩）。

知识点5　项目运行环境

事业环境因素和组织过程资产

（1）项目在内部和外部环境中存在和运作，这些环境对价值交付有不同程度的影响，影响两大主要来源为＿＿＿＿＿＿和＿＿＿＿＿＿。

（2）组织过程资产分为两大类，即＿＿＿＿＿＿为第一类，＿＿＿＿＿＿为第二类。

💡 知识点6 组织系统

1. 治理框架、管理要素

（1）组织内多种因素的交互影响创造出一个独特的组织系统，该组织系统会影响项目的运行，并决定了组织系统内部人员的权力、影响力、利益、能力等，包括_____、管理要素和_____。

（2）_____是组织内部关键职能部门或一般管理原则的组成部分。

2. 组织结构类型、PMO

（1）_____（PMO）是项目管理中常见的一种组织结构，它对与项目相关的治理过程进行标准化，并促进资源、方法论、工具和技术共享。

（2）PMO有几种不同的类型，它们对项目的控制和影响程度各不相同，主要有_____型、_____型和_____型。

💡 知识点7 项目管理和产品管理

（1）产品是指可量化生产的工件（包括服务及其组件）。产品既可以是最终制品，也可以是_____。

（2）_____是指一个产品从引入、成长、成熟到衰退的整个演变过程的一系列阶段。

第3节　项目经理的角色

（1）项目经理是指由执行组织委派，领导团队实现_____的个人。

（2）项目经理的成功取决于_____的实现。_____是衡量项目经理的成功的另一个标准。

第4节　项目生命周期和项目阶段

💡 知识点1 定义和特征

1. 项目生命周期的定义

（1）项目生命周期指项目从启动到完成所经历的一系列阶段，这些阶段之间的关系可以____、迭代或____进行。它为_____提供了一个基本框架。

（2）项目生命周期适用于____类型的项目。

2. 项目生命周期的特征

（1）所有项目都呈现出包含_____、_____、_____和_____4个项目阶段的通用的生命周期结构。

（2）通用的生命周期结构，成本与人力投入水平在开始时较低，在工作执行期间达到____。

（3）风险与不确定性在项目开始时_____，做出变更和纠正错误的成本随着项目越来越接近完成而显著____。

知识点2　生命周期类型

（1）预测型生命周期又称为_____，高度预测型项目范围____很少、干系人之间有高度共识。

（2）高度预测型项目会受益于前期的详细规划，但如遇增加范围、需求变化或市场变化则会导致某些阶段_____。

（3）____型生命周期的项目范围通常在项目生命周期的早期确定，但时间及成本会随着项目团队对产品理解的不断深入而定期修改。

（4）采用____型生命周期的项目通过在预定的时间区间内渐进增加产品功能的一系列迭代来产出可交付成果。只有在最后一次迭代之后，可交付成果具有了必要和足够的能力，才能被视为完整的。

（5）增量型开发方法和迭代型开发方法的区别：____型开发方法是通过一系列重复的循环活动来开发产品，而____型开发方法是渐进地增加产品的功能。

（6）适应型生命周期又称为____型生命周期或_____型生命周期。

（7）混合型生命周期是____型生命周期和____型生命周期的组合。

第5节　项目立项管理

1. 项目立项管理概述

（1）项目立项管理一般包括_____、_____、_____。

（2）项目投资前期的4个阶段分别是_____、_____、_____、_____。

（3）初步可行性研究和详细可行性研究可以依据项目的规模和繁简程度合二为一，

但_____是不可缺少的。

2. 项目建议与立项申请

（1）立项申请，又称为_____，是项目建设单位向上级主管部门提交项目申请时所必需的文件。

（2）项目建议书是项目发展周期的初始阶段产物，是国家或上级主管部门选择项目的依据，也是_____的依据。

（3）涉及利用外资的项目，在_____获得批准后，方可开展后续工作。

3. 项目可行性研究

（1）可行性研究具有_____、_____、_____、_____的特点。

（2）可行性研究的内容可归纳为5个方面：_____、_____、_____、_____、_____。

（3）技术可行性分析一般应当考虑的因素包括_____、_____、_____。

（4）经济可行性分析主要是对整个项目的投资及所产生的_____进行分析，具体包括_____、_____、_____、_____以及敏感性分析等。

（5）信息系统项目的支出可以分为一次性支出和非一次性支出两类，开发费、培训费和差旅费属于_____，软硬件租金、人员工资及福利、水电等公用设施使用费属于_____。

（6）信息系统项目收益包括_____、_____以及_____的收益等。

（7）_____包括项目的一个或几个方面，但不是所有方面，并且只能作为初步可行性研究、详细可行性研究和大规模投资建议的前提或辅助。

（8）初步可行性研究的主要内容包括_____、_____、_____、_____、_____。

（9）_____是进行项目评估和决策的依据。

（10）详细可行性研究的原则有_____、_____、_____。

（11）将有项目时的成本（效益）与无项目时的成本（效益）进行比较，求得两者差额就是增量成本（效益），这种方法称为_____法，也叫_____法。

4. 项目评估与决策

（1）项目评估是指在项目可行性研究的基础上，由_____对拟建项目建设的必要性、建设条件、生产条件、市场需求、工程技术、经济效益和社会效益等进行评价、分析和论证，进而判断其是否可行的一个评估过程。

（2）项目评估工作的一般程序依次为_____、_____、_____、_____、_____、_____。

（3）项目评估报告大纲应包括_____、_____、总结和建议等内容。

（4）项目评估目的是审查项目可行性研究的可靠性、____性和____性。

第6节　项目管理过程组

1. 基本概念

（1）项目管理分为五大过程组：_____、_____、_____、_____、_____。

（2）____过程组，即正式完成或结束项目、阶段或合同。

（3）____过程组跟踪、审查和调整项目进展与绩效，识别变更并启动相应的变更。

（4）____过程组完成项目管理计划中确定的工作，以满足项目要求。

（5）____过程组明确项目范围、优化目标，并为实现目标制订行动计划。

（6）_____是为了达成项目的特定目标，对项目管理过程进行的逻辑上的分组。

（7）_____是项目从开始到结束所经历的一系列阶段，是一组具有逻辑关系的项目活动的集合，通常以一个或多个可交付成果的完成为结束的标志。

2. 适应型项目中的过程组

（1）预测型和适应型生命周期在规划阶段的主要区别在于_____，以及_____。

（2）在敏捷型或适应型生命周期中，监控过程通过维护_____，对进展和绩效进行跟踪、审查和调整。

（3）适应型项目往往可分解为一系列先后顺序进行的、被称为"_____"的阶段。

第7节　项目管理原则

（1）项目管理原则具体包括_____、_____、_____、_____、_____、_____、_____、_____、_____、_____。

（2）营造协作的项目团队环境涉及_____、组织结构和____等方面的因素。

（3）项目管理原则"聚焦于价值"强调____是项目的最终成功指标和驱动因素。

（4）可通过商业论证的方式，从定性或定量方面说明项目成果的预期价值。商业论证包含_____、项目理由和_____等要素。

（5）"识别、评估和响应系统交互"原则要求从整体角度识别、评估和响应项目的_____环境。

（6）"驾驭复杂性"原则中指出项目团队无法预见复杂性的出现，常见的复杂性来源有：_____、_____、_____、_____。

（7）"拥抱适应性和韧性"原则中，_____是接受冲击的能力和从挫折或失败中快速恢复的能力，_____是应对不断变化的能力。

第8节　项目管理知识领域

（1）项目管理十大知识领域包含_____、_____、_____、_____、_____、_____、_____、_____。

（2）识别影响或受项目影响的人员、团队或组织，分析干系人对项目的期望和影响，制定合适的管理策略来有效调动干系人参与项目决策和执行，描述的是_____管理知识领域。

（3）项目团队外部采购或获取所需产品、服务或成果，描述的是_____管理知识领域。

（4）_____管理知识领域，主要是指规划风险管理、识别风险、开展风险分析、规划风险应对、实施风险应对和监督风险。

（5）_____管理知识领域，确保项目信息及时且恰当地规划、收集、生成、发布、存储、检索、管理、控制、监督和最终处置。

（6）_____管理知识领域，主要识别、获取和管理所需资源以成功完成项目。

（7）项目在批准的预算内完成而对成本进行规划、估算、预算、融资、筹资、管理和控制，以上描述的是_____管理知识领域。

（8）确保项目做且只做所需的全部工作以成功完成项目，描述的是_____管理知识领域。

第9节　价值交付系统

（1）价值交付系统描述了项目如何在系统内运作，为组织及其干系人创造价值，包括_____、_____和_____。

（2）项目为_____创造价值。

（3）价值交付系统是＿＿＿＿＿＿的一部分，该环境受政策、程序、方法论、框架、治理结构等制约。

（4）价值交付系统中的组件创建了用于产出＿＿＿的可交付物，＿＿＿可带来收益，收益继而可创造＿＿＿。

（5）当＿＿＿和＿＿＿＿在所有价值交付组件之间以一致的方式共享时，价值交付系统最为有效。

第10章

启动过程组

知识体系构建

项目启动会议 ── 启动过程组的重点工作 ── 启动过程组 ── 制定项目章程 ── 项目章程的定义 / 主要输入 / 主要输出
关注价值和目标
识别干系人

全新考情点拨

本章知识点涉及单项选择题、案例分析题，按以往的出题规律，在试题中约占2~3分。

本章内容属于基础知识范畴，考查的知识点均来源于教材。

第1节　制定项目章程

💡 知识点1　项目章程的定义

1. 基本概念

制定项目章程是编写一份正式_____并____项目经理在项目活动中使用组织资源的文件的过程。

2. 作用

（1）制定项目章程管理过程的主要作用包括3个方面：＿＿＿＿＿＿＿＿＿＿＿＿＿＿＿＿＿＿＿＿＿＿＿＿＿，＿＿＿＿＿＿＿＿＿＿＿＿＿＿＿＿＿，＿＿＿＿＿＿＿＿＿＿＿＿＿＿＿＿。

（2）项目章程在_____和_____之间建立了联系。

（3）通过编制项目章程来确认项目是否符合_____和日常运营的需要。

3. 基础知识

（1）应在规划开始之前任命项目经理，项目经理越早确认并任命越好，最好在＿＿＿＿＿＿＿＿时就任命。

（2）项目章程一旦被批准，就标志着项目的_____。

（3）项目由＿＿＿＿＿＿＿＿＿＿来启动。

💡 知识点2　主要输入

（1）制定项目章程过程的主要输入有＿＿＿＿＿＿＿＿、＿＿＿＿＿＿＿、事业环境因素和＿＿＿＿＿＿＿＿。

（2）立项管理文件是用于制定项目章程的依据，一般包括_____、_____、＿＿＿＿＿＿＿＿。

（3）协议有多种形式，包括_____、_____（MOUs）、_____（SLA）、协议书、意向书、口头协议或其他书面协议。

（4）为外部客户做项目时，通常需要签订_____。

💡 知识点3　主要输出

（1）项目章程记录了关于项目和项目预期交付的产品、____或____的高层级信息。

（2）项目章程的内容主要包括＿＿＿＿＿＿＿＿＿＿＿、＿＿＿＿＿＿＿＿＿＿＿、＿＿＿＿＿＿

_____、_____、_____、_____、

_____、_____、

_____、_____、

_____。

（3）本过程输出的假设日志用于记录整个项目生命周期中的所有_____和_____

_____。

第2节　识别干系人

知识点　识别干系人的定义

1. 基本概念

（1）项目干系人也称为"_____"或"_____"。

（2）项目干系人指参与项目实施活动或在项目完成后其利益会受到项目_____或_____影响的个人或组织。

（3）项目干系人既包括其利益受到项目影响的个人或组织，也包括会对项目执行及其结果_____的个人或组织。

2. 基础知识

（1）项目团队应把_____作为一个关键的项目目标来进行管理。

（2）识别干系人不是启动阶段一次性的活动，而是在项目过程中根据需要在整个项目期间_____。

（3）在系统集成项目建设过程中，项目干系人的主要类别通常包括项目客户用户、_____、_____、资源或职能部门、_____以及其他相关组织或个人等。

3. 主要输入

（1）识别干系人过程的主要输入有_____、_____、项目管理计划中的组件（_____和_____）、项目文件中的组件（变更日志、_____和_____）、_____、事业环境因素、_____。

（2）变更日志可能引入新的_____，或改变干系人与项目的现有关系的性质。

（3）_____所记录的问题可能为项目带来新的干系人，或改变现有干系人的参与类型。

（4）_____可以提供关于潜在干系人的信息。

4. 工具与技术

（1）识别干系人过程的工具与技术有专家判断、会议、数据收集的技术（_____和问卷调查）、收据分析的技术（文件分析和_____）、数据表现的技术（_____）。

（2）_____是一种通用的数据收集和创意技术，用于向小组征求意见，如团队成员或主题专家。

（3）_____是头脑风暴的改良形式，让个人参与者有时间在小组创意讨论开始前单独思考问题。

（4）在对干系人分析的方法中，干系人的利害关系组合主要包括兴趣、_____、_____、知识、_____。

（5）干系人映射分析和表现是一种利用不同方法对干系人进行分类的技术，常见的分类方法包括_____、_____、_____、影响方向和_____等。

（6）作用影响方格主要是基于干系人的_____（权力）、对项目成果的关心程度（____）、对项目成果的影响能力（____）、改变项目计划或执行的能力，每一种方格都可用于对干系人进行分类。

（7）_____是作用影响方格的改良形式，它把作用影响方格中的要素组成三维模型，将干系人视为一个多维实体。

（8）凸显模型是通过评估干系人的____、_____和_____，对干系人进行分类。

（9）影响方向分析法根据干系人对项目的影响方向对干系人分类，分为_____、_____、_____和_____。

5. 主要输出

（1）识别干系人过程的主要输出有_____、_____、项目管理计划更新、_____。

（2）干系人登记册记录关于_____的信息，主要包括身份信息、_____和干系人分类等。

第3节　启动过程组的重点工作

💡 **知识点1** 项目启动会议

1. 项目启动会议的作用

（1）项目启动会议通常由_____负责组织和召开。

（2）_____标志着对项目经理责权的定义结果的正式公布。

（3）召开项目启动会议的主要目的在于使项目各方干系人明确项目的目标、范围、需求、背景及各自的_____与____，正式公布_____。

2. 项目启动会的步骤

项目启动会议通常包括如下5个工作步骤：_____、_____、_____、_____、_____。

💡 **知识点2** **关注价值和目标**

1. 项目目标

在项目启动阶段需根据项目预期价值的实现识别项目的目标，项目目标包括项目_____目标和_____目标。

2. 项目价值

项目的商业价值可以是有形效益、无形效益或兼有两种形式的效益，股东权益、公共事业属于_____效益，而商誉、品牌认知度、公共利益属于_____效益。

第11章

规划过程组

知识体系构建

规划质量管理

规划资源管理

估算活动资源

规划沟通管理

规划风险管理

识别风险

实施定性风险分析

实施定量风险分析

规划风险应对

规划采购管理

规划干系人参与

规划过程组

制订项目管理计划

规划范围管理

收集需求

定义范围

创建WBS

规划进度管理

定义活动

排列活动顺序

估算活动持续时间

制订进度计划

规划成本管理

估算成本

制定预算

全新考情点拨

  本章知识点涉及单项选择题、案例分析题和计算题，按以往的出题规律，其中单项选择题约占16~28分，案例分析题出题点广泛，约占9~17分。

  本章内容属于基础知识范畴，考查的知识点均来源于教材。

第1节　制订项目管理计划

1. 基本概念

（1）制订项目管理计划是定义、准备和协调项目计划的_____部分，并把它们整合为一份综合项目管理计划的过程。

（2）本过程的主要作用是生成一份_____，用于确定所有项目工作的基础及其执行方式。

（3）项目管理计划确定项目的_____、_____和收尾方式，其内容会根据项目所在的应用领域和复杂程度的不同而不同。

（4）项目管理计划可以是概括的或_____的，每个组成部分的详细程度取决于具体项目的要求。

（5）项目管理计划应基准化，即至少应规定项目的_____、_____和_____方面的基准，以便据此考核项目执行情况和管理项目绩效。

2. 主要输入

制订项目管理计划过程的主要输入有_____、_____、_____、_____。

3. 主要输出

（1）项目管理计划是说明项目执行、监控和收尾方式的一份文件，它整合并综合了所有知识领域的_____和_____，以及管理项目所需的其他_____。

（2）项目管理计划的子管理计划包括：_____、_____、_____、_____、_____、_____、_____、_____、_____。

（3）项目管理计划的基准组件中包括_____、_____、_____。

（4）项目管理计划的其他组件中通常包括_____、_____、_____、_____和管理审查。

4. 主要工具与技术

（1）制订项目管理计划的主要工具与技术包括_____、_____。

（2）_____是一种结构化的数据收集工具，通常列出特定组成部分，用来核实所要求的一系列步骤是否已得到执行或检查需求列表是否已得到满足。

（3）_____是由专家或涉及特定领域知识人员组成的小组，在主题范围内进行深度讨论和交流，以便针对性地获取反馈意见和建议。

第2节 规划范围管理

1. 基本概念

（1）规划范围管理是为记录如何定义、确认和控制____范围及____范围而创建范围管理计划的过程。

（2）规划范围管理过程的主要作用是在整个项目期间对如何_____提供指南和方向。

2. 主要输入

（1）规划范围管理过程的主要输入有_____、_____、_____、_____。

（2）规划范围管理过程使用的项目管理计划组件主要包括_____、_____、_____。

3. 主要输出

（1）规划范围管理过程的主要输出有_____、_____。

（2）规划范围管理过程的输出中，_____是项目管理计划的组成部分，描述将如何定义、制订、监督、控制和确认项目范围。

（3）规划范围管理过程的输出中，_____是项目管理计划的组成部分，描述将如何分析、记录和管理项目和产品需求。

第3节 收集需求

1. 基本概念

（1）收集需求是为实现目标而确定、记录并管理_____的需要和需求的过程。

（2）收集需求过程的主要作用是为定义_____和_____奠定基础。

（3）需求是指根据特定协议或其他强制性规范，产品、服务或成果必须具备的条件或能力，包括发起人、客户和其他干系人的_____且_____的需要和期望。

（4）应详细地挖掘、分析和记录各干系人需求，并将其包含在_____中，在项目执行开始后对其进行测量。

2. 主要输入

（1）收集需求过程使用的项目管理计划组件主要包括_____、_____、_____等。

（2）可用作收集需求过程输入的项目文件主要包括_____、经验教训登记册和_____等。

3. 主要工具与技术

（1）可用于收集需求过程的数据收集技术主要包括_____、访谈、_____、问卷调查、_____等。

（2）_____是将实际或计划的产品、过程和实践与其他可比组织的实践进行比较，以便识别最佳实践。

（3）在收集需求过程中，由一个人负责为整个集体制定决策，这种决策方法被称为_____。

（4）在收集需求过程中，_____技术是指借助决策矩阵，用系统分析方法建立诸如风险水平、不确定性和价值收益等多种标准，以对众多创意进行评估和排序。

（5）可用于收集需求过程的数据表现技术主要包括_____和_____等。

（6）可用于收集需求过程的人际关系与团队技能主要包括_____、_____、引导等。

（7）观察也称"工作跟随"，通常由"_____"观察业务专家如何执行工作，但也可以由"_____"来观察，即通过实际执行一个流程或程序，体验该流程或程序是如何实施的，以便挖掘隐藏的需求。

（8）_____是对产品范围的可视化描绘，可以直观显示业务系统及其与人和其他系统之间的交互方式。

（9）_____是指在实际制造预期产品之前，先造出该产品的模型，并据此征求对需求的早期反馈。

（10）_____是一种原型技术，通过一系列的图像或图示来展示顺序或导航路径，如在软件开发中，使用实体模型来展示网页、屏幕或其他用户界面的导航路径。

4. 主要输出

（1）收集需求过程的主要输出有_____和_____。

（2）需求文件描述各种_____将如何满足项目相关的_____。一开始可能只有_____的需求，然后随着有关需求信息的增加而逐步细化。

（3）需求文件中，只有明确的（可测量和可测试的）、可跟踪的、完整的、_____的，且_____愿意认可的需求，才能作为基准。

（4）需求的类别包括_____、_____、_____、_____、_____、_____。

（5）_____是把产品需求从其来源连接到能满足需求的可交付成果的一种表格。

（6）需求跟踪矩阵中记录的典型属性包括_____、需求的文字描述、_____、所有者、来源、_____、版本、当前状态和状态日期。

第4节　定义范围

1. 基本概念

（1）定义范围是制定_____详细描述的过程。

（2）定义范围过程的主要作用是描述产品、服务或成果的____和_____。

（3）由于在收集需求过程中识别出的所有需求未必都包含在项目中，所以定义范围过程需要从_____中选取最终的项目需求。

（4）应根据项目启动过程中记载的_____、假设条件和_____来编制详细的项目范围说明书。

2. 主要输入

定义范围的主要输入有_____、_____（范围管理计划）、项目文件（_____、_____和_____）、事业环境因素、_____。

3. 主要输出

（1）定义范围过程的输出主要有_____和项目文件更新。

（2）项目范围说明书记录了整个范围（包括____范围和____范围），详细描述了项目的_____，代表项目干系人之间就_____所达成的共识。

（3）详细的项目范围说明书内容包括_____、_____、_____、_____。

第5节　创建WBS

1. 基本概念

（1）创建WBS是把_____和_____分解为较小的、更易于管理的组件的过程。

（2）WBS是对项目团队为实现项目目标、创建所需可交付成果而需要实施的全部_____的层级分解。

（3）WBS 组织并定义了项目的总范围，代表着经批准的当前_____中所规定的工作。

（4）WBS 底层的组成部分被称为_____。

2. 主要输入

创建WBS过程的输入主要有_____、_____、事业环境因素、组织过程资产。

3. 主要工具与技术

（1）创建WBS过程使用的工具与技术主要有_____和_____。

（2）创建 WBS 常用的方法包括_____、使用组织特定的指南、_____。

（3）_____的方法可用于归并较低层次组件。

（4）把整个项目工作分解为工作包需要开展5项活动：_____、_____、_____、_____、_____、_____。

（5）WBS结构可以有两种形式，一种是以项目生命周期各阶段作为分解的第二层，_____放在第三层，另一种是以_____作为分解的第二层。

（6）_____是一种迭代式规划，要在未来远期才完成的可交付成果或组件，当前可能无法分解。因而项目管理团队通常需要等待对该可交付成果或组成部分达成一致意见，才能够制定出 WBS中的相应细节。

（7）创建WBS的分解过程需要注意：_____、_____、_____、_____、_____、_____、_____。

4. 主要输出

（1）创建WBS过程的主要输出有_____和项目文件更新。

（2）范围基准是项目管理计划的组成部分，包括_____、_____、_____、____和_____等。

（3）规划包是一种低于_____而高于_____的工作分解结构组件，_____已知，但详细的进度活动未知。

（4）一个控制账户可以包含_____个规划包。

第6节　规划进度管理

1. 基本概念

（1）规划进度管理是为规划、编制、管理、执行和控制_____而制定政策、程序和文档的过程。

（2）规划进度管理过程的主要作用是为如何在_____期间管理项目进度提供指南和方向。

2. 主要输入、输出

（1）规划进度管理过程使用的项目管理计划组件主要包括_____和_____等。

（2）_____有助于定义进度计划方法、估算技术、进度计划编制工具以及用来控制进度的技术。

（3）进度管理计划的内容一般包括_____、进度计划的发布和迭代长度、_____、计量单位、_____、项目进度模型维护、_____、_____和报告格式等。

（4）绩效测量规则需要规定用于绩效测量的_____（EVM）规则或其他规则。

第7节　定义活动

1. 基本概念

（1）定义活动是识别和记录为完成项目可交付成果而须_____的过程。

（2）定义活动过程的主要作用是将_____分解为进度活动，作为对项目工作进行进度估算、规划、执行、监督和控制的基础。

2. 主要输入

定义活动过程使用的项目管理计划组件主要包括_____和_____。

3. 主要工具与技术

定义活动过程的工具与技术主要有专家判断、_____、_____和会议。

4. 主要输出

（1）定义活动过程的输出主要有_____、活动属性、_____、_____、项目管理计划更新。

（2）_____包括项目所需的进展活动，包括每个活动的标识及工作范围详述。

（3）活动属性包括_____、_____和活动标签或名称。

（4）_____是项目中的重要时点或事件，它的持续时间为零。

第8节　排列活动顺序

1. 基本概念

（1）排列活动顺序是识别和记录_____的关系的过程。

（2）排列活动顺序过程的主要作用是定义工作之间的_____，以便在既定的所有项目制约因素下获得最高的效率。

2. 主要输入

（1）排列活动顺序过程使用的项目管理计划组件主要包括_____和_____等。

（2）可作为排列活动顺序过程输入的项目文件主要包括假设日志、_____、_____、_____。

3. 紧前关系绘图法

（1）紧前关系绘图法（PDM）又称_____法，是创建进度模型的一种技术，它使用方框或者长方形（被称作____）代表____，节点之间用____连接，以显示节点之间的逻辑关系，这种网络图也被称作_____图或_____图。

（2）单代号网络图中，只有_____需要编号。

（3）PDM中的活动关系类型有4种：SF_____、FF_____、SS_____、FS_____。

（4）前导图法中的每个节点的活动会有以下几种时间：ES_____、EF_____、LS_____、LF_____。

（5）将正确的内容填入下方PDM图中的7个方格中：

4. 箭线图法

（1）箭线图法（ADM）是用_____表示活动、用_____表示事件的一种网络图绘制方法。

（2）用箭线图法绘制的网络图也被称为_____或_____（AOA）。

（3）双代号网络图中的_____和_____都需要进行编号。

（4）用箭线图法的网络图中，_____和_____都必须有_____的代号，即网络图中不会有相同的代号。

（5）箭线图中任两项活动的紧前事件和紧后事件代号应_____，节点代号沿箭线方向越来越___。

（6）箭线图中，流入同一节点的活动，均有共同的_____，流出同一节点的活动，均有共同的_____。

（7）虚活动在网络图中用_____表示。虚活动不消耗____，也不消耗____。

5. 提前量和滞后量

（1）提前量是相对于＿＿＿＿＿＿活动，＿＿＿＿＿＿＿活动可以提前的时间量，提前量一般用＿＿＿＿值表示。

（2）滞后量是相对于＿＿＿＿＿＿＿活动，＿＿＿＿＿＿活动需要推迟的时间量，滞后量一般用＿＿＿＿值表示。

6. 主要输出

（1）排列活动顺序的输出有＿＿＿＿＿＿＿＿＿＿＿和项目文件更新。

（2）项目进度网络图中，带有多个紧前活动的活动代表＿＿＿＿＿＿＿，而带有多个紧后活动的活动则代表＿＿＿＿＿＿＿。带汇聚和分支的活动受到多个活动的影响或能够影响多个活动，因此存在较大＿＿＿＿＿。

第9节　估算活动持续时间

1. 基本概念

（1）估算活动持续时间是根据资源估算的结果，估算完成＿＿＿＿＿＿＿所需工作时段数的过程。

（2）估算活动持续时间时需要考虑的其他因素包括＿＿＿＿＿＿＿＿、＿＿＿＿＿＿＿、技术进步和＿＿＿＿＿＿＿等。

2. 主要输入

（1）估算活动持续时间过程使用的项目管理计划组件主要包括＿＿＿＿＿＿＿＿＿＿＿和＿＿＿＿＿＿＿等。

（2）可作为估算活动持续时间过程输入的项目文件主要包括＿＿＿＿＿＿＿、活动清单、＿＿＿＿＿＿＿、经验教训登记册、＿＿＿＿＿＿＿＿＿、项目团队派工单、＿＿＿＿＿＿＿＿＿、资源日历、资源需求、风险登记册等。

3. 主要工具与技术

估算活动持续时间过程使用的工具与技术主要有专家判断、＿＿＿＿＿＿＿、＿＿＿＿＿＿＿、＿＿＿＿＿＿＿、＿＿＿＿＿＿＿＿＿、数据分析、决策、会议。

4. 类比估算

（1）类比估算是一种使用相似活动或项目的＿＿＿＿＿＿＿，估算当前活动或项目的持续时间或成本的技术。

（2）相对于其他估算技术，类比估算通常成本＿＿＿＿＿＿、耗时＿＿＿＿＿＿，但准确性也＿＿＿＿＿。

5. 参数估算

（1）参数估算利用历史数据之间的_____和_____，估算诸如成本、预算和持续时间等活动参数。

（2）参数估算的准确性取决于_____的成熟度和_____的可靠性。

6. 三点估算

（1）任何事情都顺利的情况下，完成某项工作的时间被称为_____时间，用T_o表示；正常情况下完成某项工作的时间被称为_____时间，用T_m表示；不利的情况下完成某项工作的时间被称为____时间，用T_p表示。

（2）基于持续时间在3种估算值区间内的假定分布情况，可计算期望持续时间T_e，如果3个估算值服从三角分布，则T_e=_____；如果3个估算值服从β分布，则T_e=_____。

7. 主要输出

（1）估算活动持续时间过程的主要输出有_____、_____和项目文件更新。

（2）持续时间估算是对完成某项活动、阶段或项目所需的工作时段数的定量评估，其中并不包括任何_____，但可指出一定的变动区间（如2周±2天）。

第10节　制订进度计划

1.基本概念

（1）制订进度计划是分析活动顺序、_____、资源需求和_____，创建_____，从而落实项目执行和监控的过程。

（2）制订进度计划过程的主要作用是为完成项目活动而制定具有_____的进度模型。

（3）制订进度计划过程需要在_____期间开展。

（4）编制进度计划时，需要审查和修正_____估算、_____估算和_____，以制订项目进度计划，并在经批准后作为基准用于跟踪项目进度。

（5）制订进度计划包括4个关键步骤：

_____
_____；
_____
_____；
_____

_____；

_____

_____。

2. 主要输入

制订进度计划过程使用的项目管理计划组件主要包括_____和_____等。

3. 关键路径法

（1）关键路径法用于在进度模型中估算项目的_____，确定逻辑网络路径的进度灵活性。

（2）关键路径法中某项活动的_____必须相同或晚于直接指向这项活动的最早结束时间的最晚时间。

（3）关键路径法中某项活动的_____必须相同或早于这项活动直接指向的所有活动的最迟开始时间的最早时间。

（4）关键路径法用来计算进度模型中的_____、_____和_____。

（5）进度网络图可能有___条关键路径。

（6）在任一网络路径上，进度活动可以从最早开始时间推迟或拖延时间，而不至于延误项目完成日期或违反进度制约因素，这个时间就是_____。

（7）总浮动时间的计算方法为本活动的最迟完成时间减去本活动的_____，或本活动的最迟开始时间减去本活动的_____。

（8）自由浮动时间就是指在不延误任何紧后活动_____时间或不违反进度制约因素的前提下，某进度活动可以_____的时间量。

4. 资源优化

（1）资源优化技术包括_____和_____。

（2）如果共享资源或关键资源只在特定时间可用，数量有限，如一个资源在同一时段内被分配至两个或多个活动，需要使用的资源优化技术是_____。

（3）资源平衡往往导致_____。

（4）相对于资源平衡而言，资源平滑不会_____，_____也不会延迟，但资源平滑技术可能无法实现_____。

5. 进度压缩

（1）进度压缩技术包括_____和_____。

（2）通过增加资源，以最小的成本代价来压缩进度工期的技术被称为_____。

（3）将正常情况下按顺序进行的活动或阶段改为至少部分并行开展的进度压缩技术被称为_____。

6. 计划评审技术

（1）计划评审技术又称_____，其理论基础是假设项目持续时间，以及整个项目完成时间是_____的，且服从某种概率分布。

（2）a_i表示第i项活动的乐观时间，m_i表示第i项活动的最可能时间，b_i表示第i项活动的悲观时间，根据β分布的方差计算方法，第i项活动的持续时间方差为_____。

7. 主要输出

（1）制订进度计划过程的主要输出包括_____、_____、进度数据、_____、变更请求、项目管理计划更新、项目文件更新。

（2）进度基准是经过批准的_____，只有通过正式的_____才能进行变更，用作与实际结果进行比较的依据。

（3）经干系人接受和批准后，进度基准包含_____日期和_____日期。

（4）项目进度计划中至少要包括每个活动的_____日期与_____日期。

（5）项目进度计划可以用列表形式，也可以用更直观的图形方式，可用的图形方式有_____、_____、_____。

（6）进度数据至少包括_____、_____、活动属性，以及已知的全部假设条件与制约因素。

第11节　规划成本管理

1. 基本概念

（1）规划成本管理是确定如何估算、预算、管理、监督和控制_____的过程。

（2）应该在项目规划阶段的早期就对成本管理工作进行规划，建立各_____的基本框架，以确保各过程的有效性及各过程之间的协调性。

2. 主要输入

（1）规划成本管理过程的主要输入有_____、_____、事业环境因素、组织过程资产。

（2）项目章程中规定的_____会影响项目的进度管理。

（3）规划成本管理过程使用的项目管理计划组件主要包括_____、_____等。

3. 主要输出

（1）规划成本管理过程的主要输出有_____。

（2）在成本管理计划中一般需要规定_____、_____、准确度、组织程序链接、_____、绩效测量规则、报告格式和其他细节等。

第12节 估算成本

1. 基本概念

（1）估算成本是对完成项目工作所需资金进行_____的过程。

（2）成本估算是对完成活动所需资源的可能成本进行的_____评估，是在某特定时点根据已知信息所做出的成本预测。

（3）通常用某种货币单位进行成本估算，但有时也可采用其他计量单位，如人·时数或人·天数，以消除_____的影响，便于成本比较。

2. 主要输入

（1）估算成本过程使用的项目管理计划组件主要包括_____、_____和_____。

（2）可作为估算成本过程输入的项目文件包括经验教训登记册、_____、_____和风险登记册。

3. 主要输出

（1）估算成本过程的输出主要有：_____、_____、项目文件更新。

（2）成本估算包括完成项目工作可能需要的成本、应对已识别风险的_____。

（3）成本估算所需的支持信息的数量和种类因应用领域而异，不论其详细程度如何，支持性文件都应该_____、_____地说明成本估算是如何得出的。

第13节 制定预算

1. 基本概念

（1）制定预算是汇总所有单个活动或工作包的_____，建立一个经批准的_____的过程。

（2）制定预算过程的主要作用是确定可据以监督和控制项目绩效的_____。

2. 主要输入

（1）制定预算过程的主要输入有：项目管理计划、_____、_____、协议、事业环境因素、组织过程资产。

（2）制定预算过程使用的项目管理计划组件主要包括_____、资源管理计划、_____。

（3）制定预算过程使用的商业文件的组件主要包括_____、_____。

3. 主要输出

（1）制定预算过程的主要输出有_____、_____、项目文件更新。

（2）成本基准是经过批准的、按时间段分配的_____，不包括任何_____。

第14节　规划质量管理

1. 基本概念

（1）规划质量管理是识别项目及其可交付成果的_____和（或）_____，并书面描述项目将如何证明符合质量要求和（或）标准的过程。

（2）规划质量管理过程的主要作用是在整个项目期间为如何_____和_____质量提供指南和方向。

2. 主要输入

（1）规划质量管理过程的主要输入有_____、_____、_____、事业环境因素、组织过程资产。

（2）规划质量管理过程使用的项目管理计划组件主要包括_____、_____、干系人参与计划和_____等。

3. 主要工具与技术

（1）适用于规划质量管理过程的数据收集技术包括_____、_____和访谈等。

（2）适用于规划质量管理过程的数据分析技术包括_____和_____等。

（3）与项目有关的质量成本（COQ）包括_____、_____、_____中的一种或多种成本。

（4）_____成本和_____成本属于一致性成本。

（5）债务、保修工作、报废所对应的成本属于_____成本。

（6）适用于规划质量管理过程的数据表现技术包括_____、逻辑数据模型、_____和思维导图等。

4. 主要输出

规划质量管理过程的输出有_____、_____、项目管理计划更新、项目文件更新。

第15节 规划资源管理

1. 主要输入

（1）规划资源管理过程的输入有＿＿＿＿＿＿、＿＿＿＿＿＿＿、项目文件、事业环境因素、组织过程资产。

（2）规划资源管理过程使用的项目管理计划组件主要包括＿＿＿＿＿＿＿和＿＿＿＿等。

2. 主要工具与技术

（1）有多种格式来记录和阐明团队成员的角色与职责，规划资源管理过程中的数据表现技术有＿＿＿型、＿＿＿＿型和＿＿＿＿型。

（2）一般来说，＿＿＿＿＿＿可用于表示高层级角色，而文本型则更适合用于记录＿＿＿＿＿＿。

3. 主要输出

（1）规划资源管理过程的输出有＿＿＿＿＿＿＿、＿＿＿＿＿＿、项目文件更新。

（2）资源管理计划可以根据项目的具体情况分为＿＿＿＿＿＿＿和＿＿＿＿＿＿＿＿。

第16节 估算活动资源

1. 主要输入

估算活动资源过程的输入有＿＿＿＿＿＿＿＿、项目文件、＿＿＿＿＿＿＿＿、组织过程资产。

2. 主要输出

（1）估算活动资源过程的输出有＿＿＿＿＿＿、估算依据、＿＿＿＿＿＿＿＿、项目文件更新。

（2）资源需求识别了各个工作包或工作包中每个活动所需的资源类型和数量，可以汇总这些需求，以估算每个＿＿＿＿、每个＿＿＿＿＿＿＿以及整个项目所需的资源。

第17节 规划沟通管理

1. 基础知识

（1）规划沟通管理是基于每个干系人或干系人群体的信息需求、可用的组织资产，以及具体项目的需求，为＿＿＿＿＿＿＿制订恰当的方法和计划的过程。

（2）规划沟通管理过程的主要作用是为及时向干系人提供相关信息、引导干系人_____而编制书面沟通计划。

2. 主要输入

（1）规划沟通管理过程的主要输入有_____、_____、_____、事业环境因素、组织过程资产。

（2）规划沟通管理过程使用的项目管理计划组件主要包括_____和_____。

3. 主要工具与技术

（1）规划沟通管理过程的主要工具与技术有专家判断、_____、_____、_____、_____、人际关系与团队技能、数据表现、会议等。

（2）沟通模型可以是最基本的线性沟通过程，也可以是增加了_____、更具互动性的沟通形式。

（3）项目干系人之间用于分享信息的沟通方法主要包括推式沟通、_____、_____。

4. 主要输出

规划沟通管理过程的主要输出有_____、_____、项目文件更新。

第18节　规划风险管理

1. 基础知识

规划风险管理过程的主要作用是确保风险管理的水平、方法和可见度与项目_____，以及项目对组织和其他干系人的重要程度相匹配。

2. 风险基本概念和属性

（1）每个项目都在两个层面上存在风险：一是每个项目都有会影响项目_____的单个风险；二是由_____和_____的其他来源联合导致的整体项目风险。

（2）风险的属性有_____、_____。

（3）对于项目风险，影响人们的风险承受能力的因素主要包括_____、_____、项目活动主题的地位和拥有的资源。

3. 风险的可变性

风险的可变性含义包括风险____的变化、风险____的变化、_____。

4. 风险的分类

（1）按照后果划分，风险可以分为_____、_____。

（2）按照风险来源或损失产生的原因可将风险划分为_____、_____。

（3）按照影响范围划分，风险可以分为_____和_____。

（4）按风险的可预测性划分，风险可以分为_____、_____和_____。

5. 主要输入

（1）规划风险管理过程的主要输入有_____、_____、项目文件、事业环境因素、组织过程资产。

（2）可作为规划风险管理过程输入的项目文件是_____。

6. 主要输出

（1）规划风险管理过程的主要输出有_____。

（2）风险管理计划的内容主要包括_____、方法论、_____、_____、时间安排、_____、干系人风险偏好、_____、_____、报告格式、跟踪等。

第19节　识别风险

1. 主要输入

识别风险过程的主要输入有_____、项目文件、_____、_____、事业环境因素、组织过程资产。

2. 主要工具与技术

（1）识别风险过程的主要工具与技术有专家判断、会议、_____、_____、_____、人际关系与团队技能。

（2）SWOT分析是对项目的____、____、机会和____进行逐个检查。

3. 主要输出

（1）识别风险过程的主要输出有_____、_____、项目文件更新。

（2）当完成识别风险过程时，风险登记册的内容主要包括_____、_____、潜在风险应对措施清单等。

第20节　实施定性风险分析

1. 基础知识

（1）实施定性风险分析是通过评估单个项目风险发生的概率和影响以及其他特征，对风险进行_____，从而为后续分析或行动提供基础的过程。

（2）实施定性风险分析能为_____确定单个项目风险的相对优先级。

2. 主要输入

（1）实施定性风险分析过程使用的项目管理计划的子计划是_____。

（2）可作为实施定性风险分析过程输入的项目文件主要包括_____、_____和_____等。

3. 主要工具与技术

（1）实施定性风险分析过程使用的数据分析技术主要有_____、_____、其他风险参数评估。

（2）实施定性风险分析过程使用的数据表现技术主要有_____、_____。

4. 主要输出

实施定性风险分析过程的输出主要有_____更新和_____更新。

第21节　实施定量风险分析

1. 基础知识

（1）实施定量风险分析过程的主要作用是_____整体项目风险，并提供额外的定量风险信息，以支持_____规划。

（2）定量分析适用于_____的项目、具有战略重要性的项目、合同要求进行定量分析的项目，或_____的项目。

2. 主要输入

（1）实施定量风险分析过程使用的项目管理计划的组件主要包括_____、_____、进度基准、_____等。

（2）实施定量风险分析过程输入的项目文件组件"成本预测"包括项目的_____（ETC）、_____（EAC）、_____（BAC）、_____（TCPI）。

3. 主要工具与技术

（1）实施定量风险分析过程使用的数据分析技术主要有模拟、_____、_____、_____。

（2）概率分布可能有多种形式，最常用的有三角分布、_____、_____、_____、均匀分布或_____。

第22节　规划风险应对

1. 基础知识

（1）规划风险应对是为处理整体项目风险敞口，以及应对单个项目风险而制定可选方案、选择_____并商定_____的过程。

（2）风险应对方案应该与风险的重要性相匹配，获得全体干系人的同意，并由_____具体负责。

（3）_____是实施风险应对措施而直接导致的风险。

2. 主要输入

规划风险应对过程使用的项目管理计划组件主要包括资源管理计划、_____和_____等。

3. 威胁应对策略

（1）威胁应对策略主要有_____、_____、_____、_____、_____5种。

（2）将应对威胁的责任转移给第三方，让第三方管理风险并承担威胁发生的影响，这种威胁应对策略是_____。

（3）风险的接受策略可以分为_____和_____两种方式。

（4）最常见的主动接受策略是_____，包括预留时间、资金或资源，以应对出现的威胁。

4. 机会应对策略

针对机会的应对策略主要有_____、_____、_____、_____、_____5种。

5. 整体项目风险应对策略

用于应对单个项目风险的策略也适用于整体项目风险，主要包括_____、_____、_____、_____、_____。

第23节 规划采购管理

1. 基础知识

一般的采购步骤包括_____、_____、_____、_____、_____、_____、_____、_____、_____。

2. 主要输入

规划采购管理过程使用的项目管理计划的组件主要包括_____、_____、资源管理计划、_____等。

3. 主要输出

规划采购管理过程的主要输出有_____、_____、_____、采购工作说明书、_____、自制或外购决策、_____、变更请求、项目文件更新、组织过程资产更新。

4. 合同支付类型

（1）_____合同适用于工作类型可预知、需求能清晰定义且不太可能变更的情况。

（2）_____合同适用于工作不断演进、很可能变更或未明确定义的情况。

5. 合同类型

（1）以项目范围为标准进行划分，可以将合同分为_____合同、_____合同和_____合同3类。

（2）以项目付款方式为标准进行划分，通常可将合同分为_____合同和_____合同两大类。

（3）从付款的类型进行划分，总价合同又可以分为以下几种：_____、_____、_____、_____、_____。

6. 招标文件

（1）常见的招标文件主要有_____（RFI）、_____（RFQ）、_____（RFP）。

（2）如果需要卖方提供关于拟采购货物和服务的更多信息，就使用_____。

（3）如果需要供应商提供关于将如何满足需求和（或）将需要多少成本的更多信息，就使用_____。

（4）项目中出现问题且解决办法难以确定，就使用_____。

第24节 规划干系人参与

1. 主要输入

规划干系人参与过程使用的项目管理计划组件主要包括_____、_____和_____等。

2. 主要工具与技术

干系人参与水平可分为以下几种：_____型、_____型、_____型、_____型。

3. 主要输出

规划干系人参与过程的主要输出有_____。

第12章
执行过程组

知识体系构建

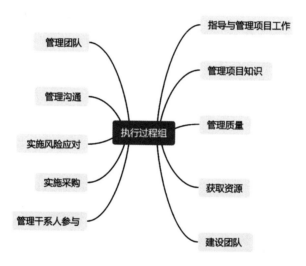

全新考情点拨

本章知识点涉及单项选择题、案例分析题，按以往的出题规律，单项选择题约占8~12分，案例分析题属于重点考点。

本章内容侧重于理解掌握，考查的知识点既有来源于教材的内容，也有少量扩展内容。

第1节 指导与管理项目工作

知识点1 基础知识

（1）指导与管理项目工作是为实现项目目标而领导和执行项目管理计划中所确定的工作，并实施_____的过程。

（2）指导与管理项目工作包括执行项目管理计划的各种项目活动，以完成项目可交付成果并达成既定目标，并识别必要的_____，提出_____。

知识点2 主要输入

指导与管理项目工作过程的主要输入有_____、_____、项目文件、事业环境因素、组织过程资产。

知识点3 主要输出

（1）指导与管理项目工作过程的主要输出有_____、_____、问题日志、_____、项目管理计划更新、项目文件更新、组织过程资产更新。

（2）_____是关于修改文件、可交付成果或基准的正式提议。

第2节 管理项目知识

知识点1 基础知识

（1）管理项目知识的关键活动是_____和_____。

（2）管理项目知识过程通常包括：知识获取与集成、_____、_____、_____和知识管理审计。

知识点2 主要输入

（1）管理项目知识过程的主要输入有_____、项目文件、_____、事业环境因素、组织过程资产。

（2）项目管理计划中的_____组件可以应用于管理项目知识过程。

知识点3 主要输出

管理项目知识过程的主要输出有_____、项目管理计划更新、_____。

第3节 管理质量

知识点1 基础知识

（1）管理质量是把组织的质量政策用于项目，并将_____转化为可执行的质量活动的过程。

（2）管理质量过程的主要作用是提高实现质量目标的可能性，以及识别_____过程和导致_____的原因，促进质量过程改进。

（3）管理质量是_____的共同职责。

知识点2 主要输入

项目管理计划中的_____组件可以应用于管理质量过程。

知识点3 主要工具与技术

（1）管理质量过程使用的数据分析技术主要包括_____、文件分析、_____、_____。

（2）管理质量过程使用的数据表现技术主要包括亲和图、_____图、_____图、_____图、矩阵图、_____图。

（3）_____图用于根据其亲近关系对导致质量问题的各种原因进行归类，展示最应关注的领域。

（4）因果图也叫_____图或_____图，分析导致某一结果的一系列原因。

（5）_____图在行列交叉的位置展示因素、原因和目标之间的关系强弱。

（6）_____图是一种展示两个变量之间的关系的图形，它能够展示两支轴的关系。

知识点4 主要输出

管理质量过程的主要输出有_____、_____、变更请求、项目管理计划更新、项目文件更新。

第4节 获取资源

知识点1 基础知识

（1）获取资源过程旨在以正确的_____在正确的_____获取适合的人力资源和实物资源。

（2）获取资源过程需要对所获取的资源进行分配，并形成相应的资源分配文件，包括_____单和_____单。

知识点2 主要输入

获取资源过程使用的项目管理计划组件主要包括_____、_____和成本基准等。

知识点3 主要工具与技术

获取资源过程的主要工具与技术有决策（_____）、人际关系与团队技能（____）、_____、_____。

知识点4 主要输出

获取资源过程的主要输出有_____、_____、_____、变更请求、项目文件更新、事业环境因素更新、组织过程资产更新。

第5节　建设团队

知识点1　基础知识

（1）可实现团队高效运行的行为主要包括使用开放与有效的_____、创造_____机遇、建立团队成员间的____、以建设性方式管理_____、鼓励_____的问题解决方法和鼓励合作型的____方法等。

（2）塔克曼阶梯理论中提出，团队建设通常要经过_____、_____、_____、_____和_____。

知识点2　主要输入

可用于建设团队过程的项目文件的组件主要有经验教训登记册、_____、_____、资源日历、_____。

知识点3　主要输出

建设团队过程的主要输出有_____、变更请求、项目管理计划更新、项目文件更新、事业环境因素更新、组织过程资产更新。

第6节　管理团队

知识点1　基础知识

管理团队的主要工作包括：

_____；

_____；

_____；

_____；

_____；

_____。

知识点2　主要输入

（1）管理团队过程的主要输入有项目管理计划、项目文件、＿＿＿＿＿＿＿＿、
＿＿＿＿＿＿＿＿、事业环境因素、组织过程资产。

（2）资源管理计划为如何管理和最终＿＿＿＿＿＿＿＿＿＿提供指南。

知识点3　主要工具与技术

冲突管理

（1）冲突的来源包括＿＿＿＿＿＿、＿＿＿＿＿＿＿＿＿＿和个人工作风格差异等。

（2）冲突的发展可划分成如下5个阶段：＿＿＿＿＿＿、＿＿＿＿＿＿、＿＿＿＿＿＿、＿＿＿＿＿＿、
＿＿＿＿＿＿。

（3）常用的冲突解决方法有＿＿＿＿＿＿＿＿、＿＿＿＿＿＿、＿＿＿＿＿＿、＿＿＿＿＿＿、
＿＿＿＿＿＿。

第7节　管理沟通

知识点1　主要输入

（1）管理沟通过程使用的项目管理计划组件主要包括＿＿＿＿＿＿＿＿＿＿、＿＿＿＿＿＿＿＿和
＿＿＿＿＿＿＿＿＿＿等。

（2）管理沟通过程的主要输入有项目管理计划、项目文件、＿＿＿＿＿＿＿＿、事业环
境因素、组织过程资产。

（3）工作绩效报告的典型示例包括＿＿＿＿＿＿和＿＿＿＿＿＿。

知识点2　主要工具与技术

（1）沟通常见方法包括＿＿＿＿＿、＿＿＿＿＿、书面文件、＿＿＿＿＿、＿＿＿＿＿＿和网站。

（2）适用于管理沟通过程的沟通技能包括＿＿＿＿＿＿＿＿、＿＿＿＿＿＿、非口头技能、
＿＿＿＿＿＿等。

（3）适用于管理沟通过程的人际关系与团队技能包括积极倾听、＿＿＿＿＿＿＿、＿＿＿＿＿＿、
＿＿＿＿＿＿和政策意识等。

💡 知识点3 主要输出

项目沟通记录主要包括_____、可交付成果的状态、_____、产生的成本、_____，以及干系人需要的其他信息。

第8节 实施风险应对

💡 知识点1 主要输入

（1）可作为实施风险应对过程输入的项目文件主要包括_____、_____和_____等。

（2）可作为实施风险应对过程输入的项目管理计划组件是_____。

💡 知识点2 主要输出

实施风险应对过程的输出主要有_____和项目文件更新。

第9节 实施采购

💡 知识点1 基础知识

（1）采购形式一般有_____、_____、_____。

（2）招投标的采购过程依次为_____、_____、_____、_____。

（3）常用的评标方法包括_____、_____、_____。

💡 知识点2 主要输入

（1）实施采购过程的主要输入有_____、项目文件、_____、_____、事业环境因素、组织过程资产。

（2）实施采购过程使用的项目管理计划组件主要包括_____、_____、沟通管理计划、_____、_____、配置管理计划和_____。

（3）采购文档可包括_____、_____、独立成本估算和_____等。

知识点3　主要输出

实施采购过程的主要输出有＿＿＿＿＿＿＿＿、＿＿＿＿＿＿＿、＿＿＿＿＿＿＿、项目管理计划更新、＿＿＿＿＿＿＿＿＿＿、组织过程资产更新。

第10节　管理干系人参与

知识点1　基础知识

在管理干系人参与过程中，需要开展多项活动，包括：

＿＿＿＿＿＿＿＿＿＿＿＿＿＿＿＿＿＿＿＿＿＿＿＿＿＿＿＿＿＿＿＿＿＿＿＿＿＿＿

＿＿＿＿＿＿＿＿＿＿＿＿＿＿＿＿＿＿＿＿＿＿＿＿＿＿＿＿＿＿＿＿＿＿＿＿＿＿；

＿＿＿＿＿＿＿＿＿＿＿＿＿＿＿＿＿＿＿＿＿＿＿＿＿＿＿＿＿＿＿＿＿＿＿＿＿＿；

＿＿＿＿＿＿＿＿＿＿＿＿＿＿＿＿＿＿＿＿＿＿＿＿＿＿＿＿＿＿＿＿＿＿＿＿＿＿＿

＿＿＿＿＿＿＿＿＿＿＿＿＿＿＿＿＿＿＿＿＿＿＿＿＿＿＿＿＿＿＿＿＿＿＿＿＿＿；

＿＿＿＿＿＿＿＿＿＿＿＿＿＿＿＿＿＿＿＿＿＿＿＿＿＿＿＿＿＿＿＿＿＿＿＿＿＿。

知识点2　主要输入

管理干系人参与过程使用的项目管理计划组件主要包括＿＿＿＿＿＿＿＿＿＿、风险管理计划、＿＿＿＿＿＿＿＿＿＿和＿＿＿＿＿＿＿＿＿＿等。

第13章

监控过程组

知识体系构建

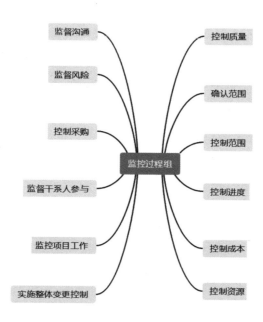

全新考情点拨

本章知识点涉及单项选择题、案例题，按以往的出题规律，单项选择题约占 9～11分。

本章内容侧重理解，考查的知识点来源于教材。

第1节 控制质量

知识点1 主要输入

（1）项目管理计划的组件中＿＿＿＿＿＿用于控制质量过程的输入。

（2）控制质量过程的主要输入有：＿＿＿＿＿＿、项目文件、＿＿＿＿＿＿＿＿、＿＿＿＿＿＿、＿＿＿＿＿＿、事业环境因素、组织过程资产。

知识点2 主要工具与技术

（1）控制质量过程中的数据收集技术主要有＿＿＿＿、＿＿＿＿、＿＿＿＿、问卷调查。

（2）控制质量过程中的数据分析技术主要有＿＿＿＿、＿＿＿＿＿＿。

知识点3 主要输出

控制质量过程的主要输出有＿＿＿＿＿＿＿＿、＿＿＿＿＿＿＿＿、＿＿＿＿＿＿＿＿、项目管理计划更新、项目文件更新。

第2节 确认范围

知识点1 确认范围的关键内容

（1）确认范围的一般步骤如下：

＿＿＿＿＿＿＿＿＿＿＿＿＿＿＿＿＿＿＿＿＿＿＿＿＿＿＿＿＿＿＿＿＿＿；

＿＿＿＿＿＿＿＿＿＿＿＿＿＿＿＿＿＿＿＿＿＿＿＿＿＿＿＿＿＿＿＿＿＿；

＿＿＿＿＿＿＿＿＿＿＿＿＿＿＿＿＿＿＿＿＿＿＿＿＿＿＿＿＿＿＿＿＿＿；

＿＿＿＿＿＿＿＿＿＿＿＿＿＿＿＿＿＿＿＿＿＿＿＿＿＿＿＿＿＿＿＿＿＿；

＿＿＿＿＿＿＿＿＿＿＿＿＿＿＿＿＿＿＿＿＿＿＿＿＿＿＿＿＿＿＿＿＿＿。

（2）确认范围过程与控制质量过程的不同之处在于，前者关注可交付成果的＿＿＿，而后者关注可交付成果的＿＿＿＿及是否满足＿＿＿要求。

知识点2 主要输入

（1）确认范围过程的主要输入有：项目管理计划、项目文件、_____、
_____。

（2）核实的可交付成果是指已经完成，并被_____检查为正确的可交付成果。

知识点3 主要输出

确认范围过程的主要输出有_____、_____、_____、项目文件更新。

第3节 控制范围

知识点 主要输入

（1）控制范围过程使用的项目管理计划组件主要包括_____、需求管理计划、_____、配置管理计划、_____和绩效测量基准等。

（2）控制范围过程的主要输入有：项目管理计划、项目文件、_____、组织过程资产。

第4节 控制进度

知识点1 主要输入

控制进度过程使用的项目管理计划组件主要包括_____、_____、_____和绩效测量基准等。

知识点2 主要工具与技术

可用作控制进度过程的数据分析技术主要包括_____、_____、绩效审查、_____、偏差分析和_____等。

知识点3 主要输出

控制进度过程的输出主要包括_____、_____、_____、项目管理计划更

新、项目文件更新。

第5节　控制成本

知识点1　主要输入

（1）控制成本过程使用的项目管理计划组件主要包括＿＿＿＿＿＿、＿＿＿＿＿和绩效测量基准等。

（2）项目资金需求包括预计＿＿＿及预计＿＿＿。

知识点2　主要工具与技术

（1）控制成本过程中的数据分析技术主要有＿＿＿＿＿、＿＿＿＿＿、趋势分析、＿＿＿＿＿。

（2）挣值分析针对各工作包和控制账户监测以下指标：＿＿＿＿＿＿（PV）、＿＿＿＿＿（AC）、＿＿＿＿＿（EV）、＿＿＿＿＿＿（SV）及＿＿＿＿＿（SPI）、＿＿＿＿＿（CV）与＿＿＿＿（CPI）、预测。

（3）PV主要反映进度计划应当完成的工作量，不包括＿＿＿＿＿。

（4）SV=＿减去＿的差值。SV＿0时，说明进度超前；当SV＿0时，说明进度落后；当SV＿0时，则说明实际进度符合计划。

（5）CV=＿减去＿的差值。CV＿0时，说明成本超支；当CV＿0时，说明成本节约；当SV＿0时，则说明成本等于预算。

（6）基于非典型的偏差计算时，ETC=＿＿＿＿＿＿；基于典型的偏差计算时，ETC=＿＿＿＿＿＿＿。

（7）基于BAC的TCPI公式应为＿＿＿＿＿＿＿＿＿＿＿＿。

知识点3　主要输出

控制成本过程的输出主要有＿＿＿＿＿＿、＿＿＿＿＿、＿＿＿＿＿、项目管理计划更新、项目文件更新。

第6节　控制资源

知识点　主要输入

（1）可用于控制资源的项目管理计划组件是_____。

（2）可作为控制资源过程输入的项目文件主要包括问题日志、经验教训登记册、_____、项目进度计划、_____、_____和风险登记册等。

第7节　监督沟通

知识点　主要输入

（1）监督沟通过程使用的项目管理计划组件主要包括：资源管理计划、_____、_____等。

（2）可作为监督沟通过程输入的项目文件主要包括_____、经验教训登记册和_____等。

第8节　监督风险

知识点1　主要输入

（1）监督风险过程使用的项目管理计划组件是_____。

（2）监督风险过程的主要输入有：项目管理计划、项目文件、_____、_____。

知识点2　主要工具与技术

（1）适用于监督风险过程的数据分析技术主要包括_____、_____。

（2）项目经理负责确保按_____所规定的频率开展风险审计。

第9节　控制采购

知识点1　基础知识

（1）控制采购是管理采购关系、监督_____、实施必要的变更和纠偏，以及_____的过程。

（2）控制采购的质量，包括_____的独立性和叮信度，是采购系统可靠性的关键决定因素。

知识点2　主要输入

（1）控制采购过程使用的项目管理计划组件主要包括_____、风险管理计划、_____、变更管理计划和_____等。

（2）可作为控制采购过程输入的项目文件主要包括假设日志、经验教训登记册、_____、质量报告、_____、_____、_____和干系人登记册等。

知识点3　主要工具与技术

（1）控制采购过程的主要工具与技术包括专家判断、_____、_____、检查、_____。

（2）____是解决所有索赔和争议的首选方法。

知识点4　主要输出

控制采购过程的主要输出有_____、_____、_____、_____、项目管理计划的更新、项目文件更新、组织过程资产更新。

第10节　监督干系人参与

知识点1　主要输入

监督干系人参与过程使用的项目管理计划组件主要包括：资源管理计划、_____和_____等。

知识点2 主要工具与技术

（1）适用于监督干系人参与过程的数据分析技术主要包括_____、_____、_____。

（2）适用于监督干系人参与过程的沟通技能主要包括_____、_____。

第11节 监控项目工作

知识点1 主要输入

监控项目工作过程需要用到项目管理计划中的_____组件。

知识点2 主要工具与技术

可用于监控项目工作过程的数据分析技术主要包括：备选方案分析、成本效益分析、_____、根本原因分析、_____和_____等。

知识点3 主要输出

（1）监控项目工作过程的输出有_____、_____、项目管理计划更新、项目文件更新。

（2）工作绩效报告的内容一般包括____报告和____报告。

（3）工作绩效报告可以表示为引起关注、制定决策和采取行动的仪表盘、_____、_____、_____等形式。

第12节 实施整体变更控制

知识点1 基础知识

（1）实施整体变更控制过程贯穿项目始终，_____对此承担最终责任。

（2）每项记录在案的变更请求都必须由____位责任人批准、推迟或否决，这个责任人通常是_____或_____。

💡 知识点2　主要输入

实施整体变更控制过程的输入有＿＿＿＿＿＿＿＿＿、项目文件、＿＿＿＿＿＿＿＿＿、
＿＿＿＿＿＿＿、事业环境因素、组织过程资产。

💡 知识点3　主要输出

实施整体变更控制过程的输出有＿＿＿＿＿＿＿＿＿、＿＿＿＿＿＿＿＿＿、＿＿＿＿＿＿＿。

第14章

收尾过程组

知识体系构建

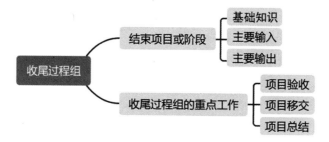

全新考情点拨

本章知识点涉及单项选择题、案例题，按以往的出题规律，单选题分值约占7～9分。

本章内容属于基础知识范畴，侧重于了解和记忆，考查的知识点来源于教材。

第1节 结束项目或阶段

知识点1 基础知识

（1）结束项目或阶段是终结项目、阶段或合同的所有活动的过程。本过程的主要作用是存档项目或阶段信息，完成计划的工作，释放_____以展开新的工作。

（2）在结束项目时，项目经理需要回顾_____，确保所有项目工作都已完成以及项目目标均已实现。

知识点2 主要输入

结束项目或阶段的主要输入有_____、_____、项目文件、_____、_____、协议、_____、组织过程资产。

知识点3 主要输出

结束项目或阶段的主要输出有项目文件更新，_____，_____，_____。

第2节 收尾过程组的重点工作

知识点1 项目验收

（1）项目的正式验收包括验收项目产品、____及_____。

（2）在执行项目验收测试时，验收测试用例应该覆盖软件需求规格说明书中所有的_____需求和_____需求。

（3）系统集成项目在验收阶段主要包含以下四方面的工作内容，分别是_____、_____、_____以及_____。

知识点2 项目移交

（1）系统集成项目的移交通常包含三个主要移交对象，分别是向_____移交、向

_____移交，以及过程资产向____移交。

（2）向组织移交的过程资产通常包括：_____、_____、

_____。

💡 **知识点3** 项目总结

（1）项目总结属于项目收尾的管理收尾。而管理收尾有时又被称为_____，就是检查项目团队成员及_____是否按规定履行了所有职责。

（2）项目总结由项目经理组织项目的_____参与，形成正式的项目总结结论。项目总结会议所形成的文件一定要通过_____的确认，任何有违此项原则的文件都不能作为项目总结会议的结果。

第15章
组织保障

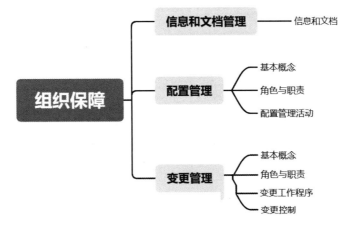

　　根据考试大纲，本章知识点涉及单项选择题和案例分析题，按以往的出题规律，单选题约占2~3分。本章内容属于基础知识范畴，考查的知识点多来源于教材，扩展内容较少。

第1节　信息和文档管理

💡 知识点 信息和文档

信息系统文档的分类

（1）_____描述开发过程本身。包括：可行性研究报告和项目任务书、需求规格说明、功能规格说明、设计规格说明（包括程序和数据规格说明）、开发计划、软件集成和测试计划、质量保证计划、安全和测试信息。

（2）_____描述开发过程的产物。包括：培训手册、参考手册和用户指南、软件支持手册、产品手册和广告。

（3）_____记录项目管理的信息，如开发过程的每个阶段的进度和进度变更的记录；软件变更情况的记录；开发团队的职责定义、项目计划、项目阶段报告；配置管理计划。

第2节　配置管理

💡 知识点1 基本概念

1. 配置管理的含义

配置管理是为了系统地控制配置变更，在信息系统项目的整个生命周期中维持配置的_____和_____。

2. 配置项的分类

（1）配置项可以分为_____和_____。

（2）_____可能包括所有的设计文档和源程序等。

（3）_____可能包括项目的各类计划和报告等。

3. 配置项的操作权限

（1）所有配置项的操作权限应由_____严格管理。

（2）基本原则是：基线配置项向_____开放_____的权限；_____向项目经理、CCB 及相关人员开放。

4. 配置项的状态

（1）配置项的状态：_____、_____、_____。

（2）配置项刚建立时，其状态为_____。

（3）配置项通过评审后，其状态变为_____；此后若更改配置项，则其状态变为
_____。当配置项修改完毕并重新通过评审时，其状态又变为_____。

5. 配置项版本号的编号规则

（1）处于_____状态的配置项的版本号格式为 0.YZ，YZ 的数字范围为 01～99。

（2）处于_____状态的配置项的版本号格式为 X.Y，配置项第一次成为"正式"
文件时，版本号为_____。

（3）处于_____状态的配置项的版本号格式为 X.YZ，配置项正在修改时，一般只
增大 Z 值，X.Y 值保持不变，当配置项修改完毕，状态成为"正式"时，将 Z 值设置为
0，增加 X.Y 值。

（4）对配置项的任何修改都将产生新的版本，同时_____。

6. 配置基线

（1）对基线的变更必须_____。

（2）一个产品可以有多条基线，也可以只有一条基线。交付给_____使用的基线一
般称为_____，内部过程使用的基线一般称为_____。

7. 配置管理数据库

（1）配置库可以分为_____、_____、_____三种类型。

（2）_____也称动态库、程序员库或工作库，用于保存开发人员当前正在开发的配
置实体。动态库是开发人员的个人工作区，由_____自行控制，无须对其进行配置控
制。

（3）_____也称主库，包含当前的基线加上对基线的变更。其中的配置项被置于完
全的配置管理之下。在信息系统开发的某个阶段工作结束时，将当前的工作产品存入其
中。

（4）_____也称静态库、发行库、软件仓库，包含已发布使用的各种基线的存
档，被置于完全的配置管理之下。在开发的信息系统产品完成系统测试之后，作为
_____存入_____内，等待交付用户或现场安装。

💡 知识点2　角色与职责

1. 配置管理员

配置管理员负责在整个项目生命周期中进行配置管理的主要实施活动，具体如下：
①建立和维护配置管理系统；
②建立和维护配置库或配置管理数据库；

③_____；

④_____；

⑤_____；

⑥_____；

⑦_____；

⑧_____。

2. 配置控制委员会

配置控制委员会也称为变更控制委员会，它不只是控制变更，也负有更多的配置管理任务，具体工作包括：

①制定和修改项目配置管理策略；

②审批和发布_____；

③审批基线的设置、产品的版本等；

④审查、评价、_____变更申请；

⑤_____已批准变更的实施；

⑥接收变更与验证结果，确认变更是否按要求完成；

⑦根据配置管理报告决定相应的对策。

💡 知识点3　配置管理活动

1. 配置管理关键成功因素

①_____配置项应该_____；

②配置项应该_____；

③_____配置项要_____；

④应该定期对配置库或配置管理数据库中的配置项信息进行_____；

⑤每个配置项在建立后，应有_____负责；

⑥要关注配置项的变化情况；

⑦应该定期对配置管理进行回顾；

⑧能够与项目的其他管理活动进行关联。

2. 配置管理日常活动

配置管理的日常管理活动主要包括制订配置管理计划、_____、_____、配置状态报告、_____、配置管理回顾与改进等。

3. 基于配置库的变更控制流程

①将待升级的基线从_____中取出，放入_____。

②程序员将欲修改的代码段从＿＿＿＿＿＿＿＿＿＿中检出（Check out），放入自己的＿＿＿＿＿＿＿＿＿中进行修改。代码被检出后即被"＿＿＿＿＿＿＿＿＿"，以保证同一段代码只能同时被一个程序员修改，如果甲正在对其修改，乙就无法将其检出。

③程序员将开发库中修改好的代码段＿＿＿＿＿＿（Check in）＿＿＿＿＿＿＿＿＿。之后，代码的"锁定"被解除，其他程序员就可以检出该段代码了。

④软件产品的升级修改工作全部完成后，将受控库中的新基线存入＿＿＿＿＿＿＿中（版本号更新，旧版本＿＿＿＿＿＿＿＿＿）。

4. 配置审计

＿＿＿＿＿＿＿＿＿：是审计配置项的＿＿＿＿＿＿＿＿＿（配置项的实际功效是否与其需求一致）。

具体验证主要包括：①配置项的开发已＿＿＿＿＿＿＿＿＿；②配置项已达到配置标识中规定的性能和功能特征；③配置项的操作和支持文档已完成并且是＿＿＿＿＿＿＿＿的等。

＿＿＿＿＿＿＿＿＿：是审计配置项的＿＿＿＿＿＿＿＿＿（配置项的物理存在是否与预期一致）。

具体验证主要包括：①要交付的配置项＿＿＿＿＿＿＿＿；②配置项中＿＿＿＿＿＿＿＿了所有必需的项目等。

第3节　变更管理

知识点1　基本概念

1. 变更的分类

根据变更性质可分为＿＿＿＿＿＿＿＿、＿＿＿＿＿＿＿＿和＿＿＿＿＿＿＿＿，通过＿＿＿＿＿＿＿＿进行控制。

2. 变更管理的原则

变更管理的原则是＿＿＿＿＿＿＿＿、变更管理过程＿＿＿＿＿＿＿＿＿。

知识点2　变更的角色与职责

1. 变更控制委员会

变更控制委员会是＿＿＿＿＿＿＿机构，不是＿＿＿＿＿＿＿机构，通过评审手段决定项目基准是否能变更。

2. 变更管理负责人

变更管理负责人也称变更经理，通常是变更管理过程_____的负责人。

知识点3 变更工作程序

（1）_____。变更提出应当及时以正式方式进行，并留下_____。变更的提出可以_____，但在评估前应以_____提出。一般由_____或者项目配置管理员负责该相关信息的收集，以及对变更申请的初审。

（2）_____。常见方式为_____的审核流转。

（3）_____。

（4）_____。通常采用文档、会签形式、正式会议形式。

（5）_____。

（6）_____。通常由_____负责基准的监控。_____监控变更明确的主要成果、进度里程碑。

（7）_____。

（8）_____。

知识点4 变更控制

（1）在变更类型控制中，需重点关注_____变更控制、_____变更控制和_____变更控制。

（2）处理紧急变更的程序在需要时_____。

第16章

监理基础知识

知识体系构建

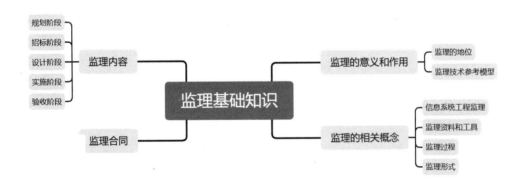

全新考情点拨

本章是新版教材新增部分，系统地介绍信息系统工程监理的基础知识。预计本章知识涉及选择题，约占2~3分。本章内容属于基础知识范畴，考查的知识点多来源于教材，扩展内容较少。

第1节　监理的意义和作用

💡 知识点1　监理的地位

信息系统监理在协调对_____和_____的关系中处于重要的、不可替代的地位。

💡 知识点2　监理技术参考模型

（1）信息系统工程监理的技术参考模型由四部分组成：_____、_____、_____、_____。

（2）监理服务能力要素由_____、_____、_____和_____四部分组成。

（3）信息系统工程监理对象包括五个方面：_____、_____、_____、_____、_____。

（4）监理活动最基础的内容被概括为"三控、两管、一协调"。

三控是指_____、_____、_____。

两管是指_____、_____。

一协调是指在实施过程中协调有关单位及人员间的_____。

第2节　监理的相关概念

💡 知识点1　信息系统工程监理

信息系统工程监理单位是受_____委托，对信息系统工程项目实施_____。

💡 知识点2　监理资料和工具

（1）_____：在_____阶段，由_____编制，经_____（或授权代表）书面批准，用于取得项目委托监理及相关服务合同，宏观指导监理及相关服务过程的_____文件。

（2）_____：在_____主持下编制，经_____书面批准，用来指导监理机构全面开展监理及相关服务工作的_____文件。

（3）_____：根据监理规划，由_____编制，并经_____书面批准，针对工程建设或运维管理中某一方面或某一专业监理及相关服务工作的_____文件。

知识点3　监理过程

监理过程是指监理阶段负责进行监理的种类，主要包括_____、_____和_____等。

知识点4　监理形式

（1）_____：由监理机构主持、有关单位参加的，在工程监理及相关服务过程中定期召开的会议。

（2）_____：在监理过程中，工程建设或运维管理任何一方签署，并认可其他方所提供文件的活动。

（3）_____：开展项目所有监理及相关服务活动的地点。_____属于现场监理的一种形式，要求监理人员在项目执行期间，____在现场开展监理服务。

（4）_____：在_____或_____施工过程中，由监理人员在现场进行的监督或见证活动。

第3节　监理内容

知识点1　规划阶段

①帮助_____构建信息系统架构；

②可以为_____提供项目规划设计的相关服务，为其决策提供依据；

③对项目需求、项目计划和初步设计方案进行_____；

④协助业主单位_____，适时提出咨询意见。

知识点2　招标阶段

①在业主单位授权下，参与_____。

②在业主单位授权下，_____，并对招标文件的内容提出监理意见。

③在业主单位授权下，_____。

④向业主单位提供_____。

⑤在业主单位授权下，_____，并对承建合同的内容提出监理意见。

知识点3 设计阶段

①_____；

②_____。

知识点4 实施阶段

①_____；

②_____。

知识点5 验收阶段

全面_____项目实施成果。

第4节 监理合同

监理合同的内容主要包括监理及相关服务内容、_____、双方的_____、监理及相关服务_____、违约责任及争议的解决办法和双方约定的其他事项。

第17章
法律法规和标准规范

知识体系构建

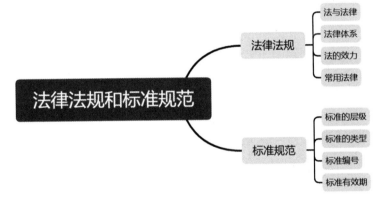

全新考情点拨

　　根据考试大纲，本章知识点主要涉及单项选择题，约占2~3分，案例分析题偶有涉及。根据以往的出题规律，考查的知识点多不限于教材，也有扩展内容。

第1节　法律法规

知识点1　法与法律

1. 法

法是由国家制定、认可并保证实施，以＿＿＿＿＿＿＿为主要内容，由＿＿＿＿＿＿＿＿保证实施的社会行为规范及其相应的规范性文件的总称。

2. 法律

法律是指由国家行使立法权的机关依照＿＿＿＿＿＿＿制定和颁布的涉及国家重大问题的规范性文件。

一般地说，＿＿＿＿＿＿＿＿＿＿＿＿＿，其他一切行政法规和地方性法规都不得与法律相抵触，凡有抵触，均属无效。

知识点2　法律体系

中国特色社会主义法律体系

中国特色社会主义法律体系，是以＿＿＿＿＿＿为统帅，以＿＿＿＿＿＿为主干，以＿＿＿＿＿＿、＿＿＿＿＿＿＿＿为重要组成部分，由宪法相关法、民法商法、行政法、经济法、社会法、刑法、诉讼与非诉讼程序法等多个法律部门组成的有机统一整体。

（1）＿＿＿＿＿＿＿是规范社会民事和商事活动的基础性法律。

（2）＿＿＿＿＿＿＿是调整国家从社会整体利益出发，对经济活动实行干预、管理或者调控所产生的社会经济关系的法律规范。

（3）＿＿＿＿＿＿＿是调整劳动关系、社会保障、社会福利和特殊群体权益保障等方面的法律规范，遵循公平和谐和国家＿＿＿＿＿＿＿原则。

（4）＿＿＿＿＿＿：我国最高权力机关＿＿＿＿＿＿＿＿＿＿和全国人民代表大会常务委员会行使国家立法权，立法通过后，由国家主席签署＿＿＿＿＿＿＿予以公布。

（5）＿＿＿＿＿＿：是由＿＿＿＿＿＿制定的，通过后由国务院总理签署国务院令公布。这些法规也具有全国通用性，是对法律的补充，在成熟的情况下会被补充进法律，其地位仅次于法律。

（6）＿＿＿＿＿＿＿＿＿＿＿＿＿＿＿＿＿＿：其制定者是各省、自治区、直辖市的人民代表大会及其常务委员会，相当于是各地方的最高权力机构。

（7）_____：其制定者是国务院各部、委员会、中国人民银行、审计署和具有行政管理职能的直属机构，这些规章_____的权限范围内有效。

💡 知识点3　法的效力

法的效力分类

（1）法的效力分为_____、_____、_____。

（2）同一机关制定的法律、行政法规、地方性法规、规章，新的规定效力高于旧规定，也就是我们平常说的"_____"。

💡 知识点4　常用法律

1. 信息化法律法规领域的最重要的法律基础

2020年5月，《_____》。

2. 我国第一部全面规范网络空间安全管理方面问题的基础性法律

2017年6月1日，《_____》。

3. 数据安全领域最高位阶的专门法

《_____》，延续了网络安全法生效以来的_____的监管体系，通过多方共同参与实现各地方、各部门对工作集中收集和产生数据的安全管理。

第2节　标准规范

1. 标准的层级

《中华人民共和国标准化法》将标准分为五个级别：_____、_____、_____、_____、_____。

2. 标准的类型

（1）国家标准分为_____、_____。

（2）行业标准、地方标准是_____。

（3）强制性标准_____。

（4）国家鼓励采用_____。

3. 标准编号

_____的代号：_____。

_____的代号：_____。

_____的代号：_____。

_____的代号：_____。

_____的编号开头：_____。

_____的编号开头：_____。

_____的编号开头：_____。

4. 标准有效期

国家标准的有效期一般是_____。

第18章

职业道德规范

知识体系构建

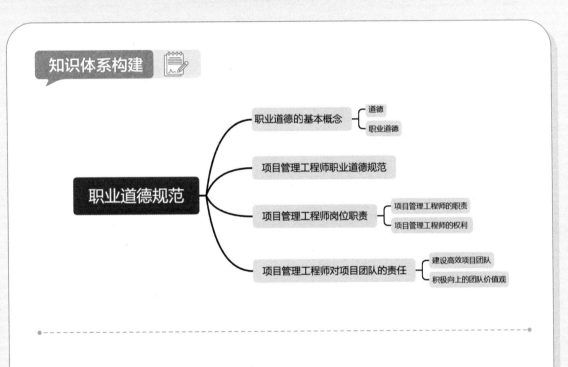

全新考情点拨

　　根据考试大纲，本章知识点涉及单项选择题，约占1~2分。本章内容侧重于概念知识，根据以往的出题规律，考查知识点多数参照教材，扩展内容较少。

第1节　职业道德的基本概念

知识点1　道德

道德是由一定的_____所决定的特殊意识形态。道德具有_____，但与法律一样，都是调控社会关系和人们行为的重要机制。

道德的主要功能是规范人们的思想和行为。

道德依靠_____、_____、_____等非强制性手段起作用。

道德以_____为标准来评价人们的思想和行为。

知识点2　职业道德

（1）职业道德的内容：_____、_____、_____、_____、_____。

（2）职业道德的特征：_____、_____、_____、_____、_____、_____、_____。

第2节　项目管理工程师职业道德规范

职业道德规范的内容

（1）爱岗敬业、遵纪守法、_____、_____、_____。

（2）梳理流程、建立体系、_____、_____、不断积累。

（3）对项目负_____，计划指挥有方，全面全程监控，善于解决问题，沟通及时到位。

（4）为____创造价值，为____创造利润，为组员创造机会，合作多赢。

（5）积极进行_____，公平、公正、无私地对待每位项目团队成员。

（6）平等与客户相处；与客户协同工作时，_____；_____。

第3节 项目管理工程师岗位职责

知识点1 项目管理工程师的职责

（1）不断提高个人的_____。

（2）贯彻执行国家和项目所在地政府的有关法律、法规和政策，执行所在单位的各项管理制度和有关技术规范标准。

（3）对信息系统项目的_____进行有效控制，确保项目质量和工期，努力提高_____。

（4）严格执行财务制度，_____，严格控制项目成本。

（5）执行所在单位规定的应由项目管理工程师负责履行的各项条款。

知识点2 项目管理工程师的权利

（1）_____。

（2）_____，____项目相关的人力、设备等____。

（3）_____，受委托_____、协议或其他文件。

第4节 项目管理工程师对项目团队的责任

知识点1 建设高效项目团队

项目管理工程师的主要职责之一是建设高效项目团队，该团队通常表现出下列特征。

- 建立了明确的_____；
- 建立了清晰的_____；
- 建立了_____；
- 培养团队成员养成_____；
- 团队成员_____；
- 建立和培养了勇于承担责任、_____；
- 善于利用项目团队中的非正式组织来提高团队的_____。

知识点2 积极向上的团队价值观

项目管理工程师还应该引领团队形成积极向上的团队价值观，这些价值观主要包含如下内容。

- _____；
- _____；
- 良好的、方便的_____；
- _____；
- _____；
- _____；
- _____。

第19章
计算题进阶

知识体系构建

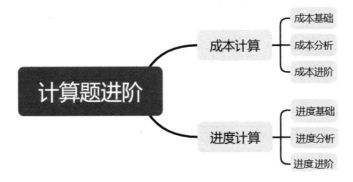

全新考情点拨

根据考试大纲，案例分析每次必考计算题，每题约20分左右。本章内容属于基础知识范畴，考查的知识点主要来源于教材。

第1节 成本计算

知识点1 成本基础

（1）CV=EV–（　　　）。

（2）SV=EV–（　　　）。

（3）CPI=EV/（　　　）。

（4）SPI=EV/（　　　）。

知识点2 成本分析

已知：

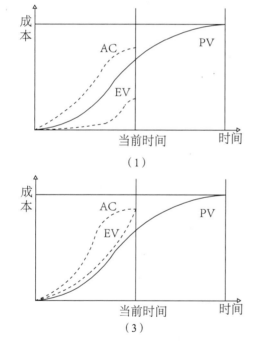

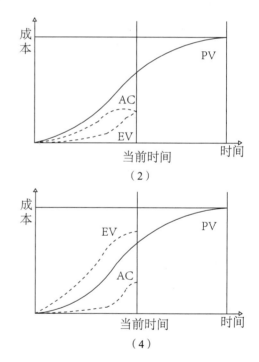

请填写：

序号	参数关系	分析（含义）	措施
（1）	AC > PV > EV SV < 0，CV < 0	进度（　　），成本（　　）	用工作效率高的人员更换一批工作效率低的人员；赶工或并行施工追赶进度

序号	参数关系	分析（含义）	措施
（2）	$PV > AC = EV$ $SV < 0$，$CV = 0$	进度（　　），成本（　　）	增加高效人员投入，赶工或并行施工追赶进度
（3）	$AC = EV > PV$ $SV > 0$，$CV = 0$	进度（　　），成本（　　）	抽出部分人员，增加少量骨干人员
（4）	$EV > PV > AC$ $SV > 0$，$CV > 0$	进度（　　），成本（　　）	若偏离不大，维持现状，加强质量控制

知识点3　成本进阶

（1）非典型情况下：ETC=BAC–（　　）。

（2）典型情况下：ETC={BAC–（　　）}/（　　）。

（3）典型且必须按期完成的情况下：ETC={BAC–（　　）}/（　　）。

（4）任何情况下：EAC=AC+（　　）。

（5）典型情况下，EAC=（　　）/CPI。

（6）为了完成预定的目标：TCPI=（BAC–EV）/（　　　　）。

（7）为了完成修改后的EAC目标：TCPI=（BAC–EV）/（　　　　）

（8）完成时偏差VAC=BAC–（　　）。

第2节　进度计算

知识点1　进度基础

（1）总时差：TF=LF–（　　）=LS–（　　）。

（2）自由时差：FF=紧后工作（　　）的最小值–本工作的（　　）。

知识点2　进度分析

在前导图法中，每项活动有唯一的活动号，每项活动都注明了预计工期（活动的持续时间）。通常，每个节点的活动会有如下几个时间。

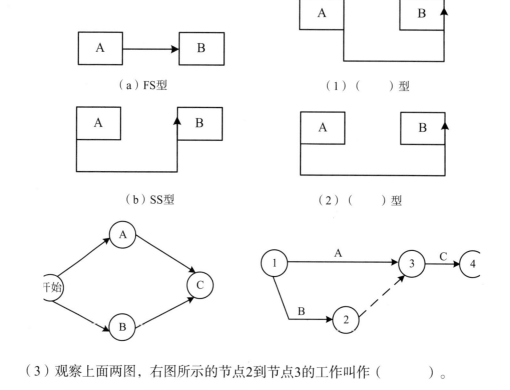

（a）FS型　　　　　　　（1）（　　　）型

（b）SS型　　　　　　　（2）（　　　）型

（3）观察上面两图，右图所示的节点2到节点3的工作叫作（　　　　）。

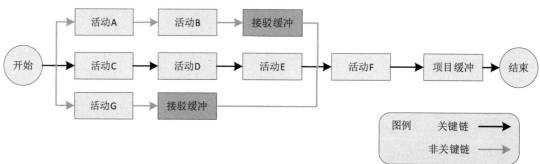

（4）根据上图回答，（　　　　　）位于非关键链路与关键链路的交叉口，是为了防止非关键链路的延误而影响到关键链路；（　　　）位于关键链路的末端，是为了防止关键链路的延误而影响到整个项目工期。

💡 知识点3 进度进阶

（1）时标网络图的总时差=从本工作沿箭头方向到关键节点之间（　　　　　）之和的最小值。

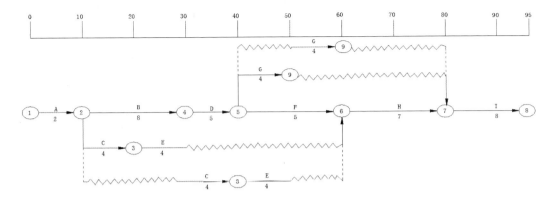

（2）以上图形叫作（＿＿＿＿＿＿），波浪线代表（＿＿＿＿＿＿）。

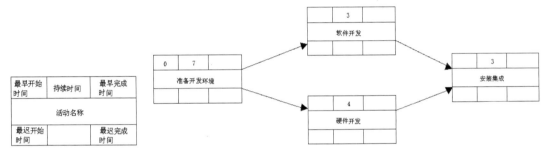

（3）以上图形叫作（＿＿＿＿＿＿＿＿）。

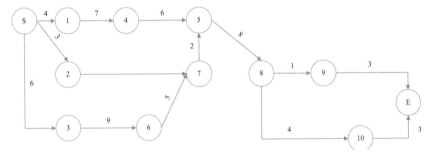

（4）以上图形叫作（＿＿＿＿＿＿＿＿）。

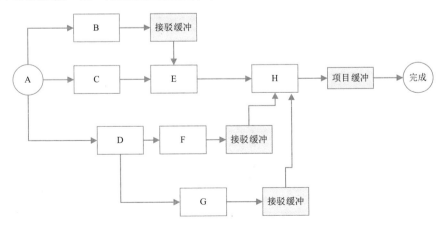

（5）以上图形中，接驳缓冲和项目缓冲放置的位置是否正确？（＿＿＿）。

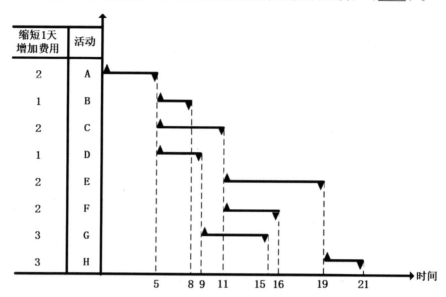

（6）以上图形叫作（＿＿＿＿）。

第20章

必背案例题

知识体系构建

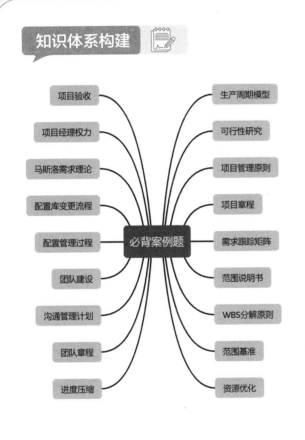

- 项目验收
- 项目经理权力
- 马斯洛需求理论
- 配置库变更流程
- 配置管理过程
- 团队建设
- 沟通管理计划
- 团队章程
- 进度压缩
- 生产周期模型
- 可行性研究
- 项目管理原则
- 项目章程
- 需求跟踪矩阵
- 范围说明书
- WBS分解原则
- 范围基准
- 资源优化

必背案例题

全新考情点拨

根据考试大纲的要求,考生应能对试题给定的案例分析场景,应用系统集成和项目管理知识进行分析,得到相应的结论或给出建议。

而考生能分析对的前提是要对相关知识点熟记于心,所以,针对案例分析,我们结合最新版教材,整理了考生必须掌握的18个知识点。

系统集成项目管理工程师案例分析需要记忆的知识点有数百个,这18个知识点只是相对高频的考点,并不是说只需要记忆这18个知识点就能考过。希望大家优先记忆这18个知识点,再学习考试大纲中的其他知识点。

知识点1 生产周期模型

生命周期模型有哪几种？特征是什么？

_____

_____

_____

_____

_____

_____

_____

_____

_____

_____

_____

_____

_____

知识点2 可行性研究

可行性研究的内容有哪些？

_____

_____

_____

_____

知识点3 项目管理原则

项目管理原则有哪12条？

_____

_____

_____

_____

知识点4 项目章程

项目章程的内容是什么?

知识点5 需求跟踪矩阵

需求跟踪矩阵的内容是什么?

知识点6 范围说明书

范围说明书的详细内容是什么?

知识点7 WBS分解原则

WBS分解的八大原则是什么?(分解注意事项是什么?)

_____
_____
_____
_____
_____
_____
_____
_____
_____

知识点8　范围基准

范围基准包括哪三部分？

_____
_____
_____
_____
_____

知识点9　资源优化

资源优化包括资源平衡和资源平滑，请简述它们的区别。

_____
_____
_____
_____
_____
_____
_____
_____
_____

知识点10 进度压缩

进度压缩的技术有赶工和快速跟进，请简述它们的区别。

知识点11 团队章程

团队章程的内容有哪些?

知识点12 沟通管理计划

沟通管理计划的内容有哪些? （任意回答六条即可。）

知识点13　团队建设

团队建设要经历哪些阶段?

知识点14　配置管理过程

配置管理的日常管理活动主要包括哪六步?

知识点15　配置库变更流程

基于配置库的变更控制流程是什么?

知识点16 马斯洛需求理论

马斯洛需求层次理论有哪几层?

知识点17 项目经理权力

项目经理有哪五种权力? 其中哪些来自组织的授权, 哪些来自管理者自身?

知识点18 项目验收

系统集成项目在验收阶段主要包含哪四方面的工作?

第1章

信息化发展

第1节 信息与信息化

知识点1 信息基础

1. 信息论的奠基者：香农。

2. 信息的质量属性及其解释

精确性；完整性；可靠性；及时性；经济性；可验证性；安全性。

3. 信息传输模型

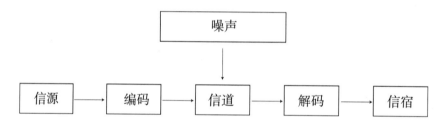

知识点2 信息系统基础

1. 信息系统的特性

（1）开放性。（2）脆弱性。（3）健壮性。

2. 信息系统生命周期

系统规划；系统设计；系统实施。

3. 信息系统各生命周期阶段的任务

（1）系统规划阶段；系统设计任务书。

（2）系统分析阶段；系统说明书。

（3）系统设计阶段；系统设计说明书。

（4）系统实施阶段。

（5）系统运行和维护阶段。

知识点3　信息化基础

1.　信息化的内涵

（1）信息网络体系；信息产业基础；社会运行环境；效用积累过程。

（2）全体社会成员；长期；一切领域。

2. 信息化体系六要素的地位

信息资源；信息技术应用；信息网络；信息技术和产业；信息化人才；信息化政策法规；标准规范。

3. 信息化的趋势

（1）产品信息化。（2）产业信息化。（3）社会生活信息化。（4）国民经济信息化。

第 2 节　现代化基础设施

知识点1　新型基础设施建设

"新基建"

（1）5G基建；城际高速铁路；新能源汽车充电桩；工业互联网。

（2）信息基础设施；技术新。

融合基础设施；应用新。

创新基础设施；平台新。

知识点2　工业互联网

工业互联网四大层级

四大层级	地位	内容
网络	基础	包括网络互联、数据互通和标识解析三部分
平台	中枢	包括边缘层、IaaS、PaaS、SaaS 四个层级
数据	要素	三个特性：重要性、专业性、复杂性
安全	保障	监测预警、应急响应、检测评估、功能测试

知识点3　城市物联网

1.物联网

信息传感设备。

2.物联网的典型应用

智慧物流；智能交通；智能安防；智慧能源环保；智能医疗；智慧建筑；智能家居；

智能零售。

第3节 产业现代化

知识点1 农业农村现代化

1. 农业现代化

农业信息化。

2. 乡村振兴战略

信息技术基础设施建设；建设基础设施；发展智慧农业；建设数字乡村。

知识点2 工业现代化

1. 两化融合

（1）信息化；工业化。（2）核心。（3）技术融合；产品融合；业务融合；产业衍生。

2. 智能制造

（1）信息通信技术；自感知；自学习；自决策。

（2）规划级；规范级；集成级；优化级；引领级。

知识点3 服务现代化

1. 融合形态

（1）结合型融合。（2）绑定型融合。（3）延伸型融合。

2. 消费互联网

（1）虚拟化；增强。（2）媒体属性；产业属性。（3）网红带货；强化；无身份社会。

第4节 数字中国

1. 数字经济

（1）数字产业化。（2）产业数字化；数据。（3）数字化治理。（4）数据资源化；数据资产化；数据资本化。

2. 数字政府

（1）共享；互通；便利。

（2）一网通办；跨省通办；一网统管；一网；联动；预警。

3. 数字社会

（1）普惠；赋能；利民。

（2）人民；数据治理；数字孪生；边际决策；多元融合；态势感知。

（3）规划级；管理级；协同级；优化级；引领级。

（4）网络化；信息化；数字化。

（5）生活工具数字化；生活方式数字化；生活内容数字化。

4. 数字生态

（1）数据。（2）数字支撑体系；数据开发利用与安全；数字市场准入；数字市场规则；数字创新环境。

知识点　数字化转型与元宇宙

1. 数字化转型

（1）四；数据；传播效率；智能+。

（2）智慧—数据；数据—智慧。

（3）数据；信息；知识；智慧。

2. 元宇宙

沉浸式体验；虚拟身份。

第2章

信息技术发展

第1节　信息技术及其发展

知识点1　计算机软硬件

1. 计算机硬件

（1）控制器；运算器；存储器；输入设备；输出设备。

（2）控制器。

（3）运算器。

（4）读写存储器/RAM；只读存储器/ROM；硬盘；光盘；优盘。

（5）输入设备；键盘；鼠标；扫描仪。

（6）输出设备；打印机。

2. 计算机软件

系统软件；应用软件；中间件。

知识点2　计算机网络

1. 通信基础

（1）源系统；传输系统；目的系统。

（2）数字通信技术；信息传输技术；通信网络技术。

2. 通信网络

（1）个人局域网；局域网；城域网；广域网。

（2）公用网；专用网。

3. 网络设备

（1）以太网技术；网络交换技术。

（2）物理层；链路层；网络层；传输层；应用层。

（3）中间设备；中继器；网桥；路由器；网关。

4. 网络标准协议

（1）语义；语法；时序。

（2）物理层；数据链路层；网络层；传输层；会话层；表示层；应用层。

（3）TCP/IP；应用层；FTP；TFTP；HTTP；SMTP；DHCP；Telnet；DNS；SNMP。

（4）传输层；TCP；UDP；流量控制；错误校验；排序服务。

5. 软件定义网络

（1）软件定义网络；控制面；数据面。

（2）数据平面；控制平面；应用平面。

（3）控制器；数据平面；应用平面。

（4）流。

6. 第五代移动通信技术

（1）高速率；低时延；大连接。

（2）增强移动宽带；超高可靠低时延通信；海量机器类通信。

（3）增强移动宽带。

（4）超高可靠低时延通信；工业控制；远程医疗；自动驾驶。

（5）海量机器类通信。

知识点3　存储和数据库

1. 存储技术

（1）封闭系统；开放系统；封闭系统；开放系统。

（2）直连式存储；网络化存储。

（3）网络接入存储；存储区域网络。

（4）存储虚拟化。

2. 数据结构模型

（1）层次模型；网状模型；关系模型。

（2）层次模型；树形。

（3）网状模型；图形结构。

（4）关系模型；二维表格。

3. 常用数据库类型

（1）关系型数据库；非关系型数据库。

（2）关系型数据库。

（3）非关系型数据库；分布式；非关系型；非结构化；多维关系；特定。

（4）常用数据库类型的优缺点

数据库类型	特点类型	描述
关系型数据库	优点	① 容易理解 ② 使用方便 ③ 易于维护
	缺点	① 大量数据、高并发下读写性能不足 ② 具有固定的表结构，因此扩展困难 ③ 多表的关联查询导致性能欠佳
非关系型数据库	优点	① 高并发，读写能力强 ② 基本支持分布式 ③ 简单
	缺点	① 事务支持较弱 ② 通用性差 ③ 无完整约束，复杂业务场景支持较差

4. 数据仓库

（1）主题；集成的；随时间变化；管理决策。

（2）ETL。（3）数据源。（4）数据的存储与管理。（5）OLAP服务器。（6）前端工具。

知识点4 信息安全

1. 信息安全基础

（1）保密性；完整性；可用性。（2）设备安全；数据安全；内容安全；行为安全。

2. 加密与解密

（1）相同。（2）加密钥；解密钥。（3）Hash函数；Hash码。（4）数字签名；不能抵赖；不能伪造。（5）认证。

3. 信息系统安全

（1）计算机病毒；逻辑炸弹；特洛伊木马；后门；隐蔽通道。

（2）网络监听；口令攻击；漏洞攻击。

4. 网络安全技术

（1）防火墙。（2）入侵检测系统；入侵防护系统。（3）虚拟专用网络（VPN）。（4）安全扫描。（5）网络蜜罐技术。

第 2 节 新一代信息技术及应用

知识点1 物联网

1. 技术基础

（1）感知层；网络层；应用层。

（2）感知层；传感器；识别物体；采集信息。

（3）网络层；中枢；传递和处理。

（4）应用层；智能应用。

2. 关键技术

（1）传感器。（2）射频识别技术。（3）微机电系统。

知识点2 云计算

云服务类型

基础设施即服务；计算机能力；存储空间。

平台即服务；操作系统；数据库管理系统；Web应用；直接的经济效益。

软件即服务；应用软件；组件；Web技术；SOA架构。

知识点3 大数据

1. 大数据的特点

数据海量；数据类型多样；数据价值密度低；数据处理速度快。

2. 关键技术

（1）分解成许多小的部分；并行工作。（2）大数据挖掘。

知识点4 区块链

1. 技术基础

（1）公有链；联盟链；私有链；混合链。

（2）多中心化；多方维护；时序数据；智能合约；不可篡改；开放共识；安全可信。

2. 关键技术

（1）分布式账本。（2）哈希算法；非对称加密算法。（3）共识机制。

知识点5　人工智能

关键技术

机器学习；自然语言处理；舆情监测；自动摘要；观点提取；文本分类；问题回答；专家系统。

知识点6　虚拟现实

主要特征

沉浸性；交互性；多感知性；构想性；自主性。

第3章

信息技术服务（IT服务）

第1节　IT 服务的特征

（1）无形性。（2）不可分离性。（3）可变性。（4）不可储存性。

第2节　IT 服务原理与组成要素

（1）能力要素；生存周期要素；管理要素。

（2）人员；过程；技术和资源。

第3节　IT 服务生命周期

战略规划；设计实现；运营提升；退役终止。

第4节　IT 服务标准化

（1）产品服务化；服务标准化；服务产品化。

（2）产品服务化；服务标准化；服务产品化。

（3）目标性；整体性；有序性；开放性；动态性。

第5节 服务质量评价

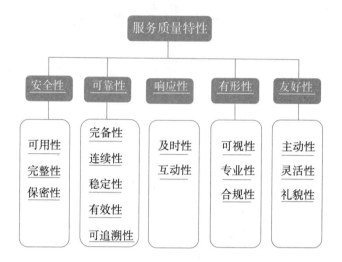

第4章

信息系统架构

第1节 架构基础

战略系统；业务系统；应用系统；信息基础设施。

第2节 系统架构

（1）物理架构；逻辑架构。

（2）物理架构。

（3）逻辑架构。

（4）横向融合；纵向融合；纵横融合。

（5）单机应用模式；客户端/服务器模式；面向服务架构（SOA）模式；组织级数据交换总线。

（6）模块化架构；内容框架；扩展指南；架构风格；架构开发方法。

第3节 应用架构

业务适配性原则；应用聚合化原则；功能专业化原则；风险最小化原则；资产复用化原则。

第4节 数据架构

数据分层原则；数据处理效率原则；数据一致性原则；数据架构可扩展性原则。

第5节 技术架构

成熟度控制原则；技术一致性原则；局部可替换原则；人才技能覆盖原则；创新驱动原则。

第6节　网络架构

1.基本原则

高可靠性；高安全性；高性能；可管理性；平台化和架构化。

2.局域网架构

（1）覆盖地理范围小；数据传输速率高；低误码率；可靠性高；实时应用。

（2）单核心架构；双核心架构；环形架构；层次局域网。

3.广域网架构

（1）通信子网；资源子网。

（2）骨干网；分布网；接入网。

（3）单核心广域网；双核心广域网；环形广域网；半冗余广域网；对等子域广域网；层次子域广域网。

第7节　安全架构

1.信息安全架构设计

人；管理；技术手段。

2.WPDRRC

（1）人员；策略；技术。

（2）预警；保护；检测；响应；恢复；反击。

3.信息系统安全

（1）系统安全保障体系；信息安全体系架构。

（2）安全服务；协议层次；系统单元。

（3）物理安全；系统安全；网络安全；应用安全；安全管理。

4.网络安全架构设计

（1）鉴别；访问控制；数据机密性；数据完整性；抗抵赖性。

（2）鉴别。

（3）访问控制。

（4）机密性。

（5）完整性。

（6）抗抵赖服务。

5.数据库系统安全设计

（1）正确性；相容性。

（2）需求分析；概念结构；逻辑结构。

第8节　云原生架构

1.架构定义

业务代码；三方软件；处理非功能特性的代码；业务代码；三方软件；处理非功能特性的代码。

2.基本原则

（1）服务化原则。（2）弹性原则。（3）可观测原则。（4）韧性原则。（5）所有过程自动化原则。（6）零信任原则。（7）架构持续演进原则。

3.架构模式

服务化架构；Mesh化架构；Serverless；存储计算分离；分布式事务；可观测；事件驱动。

第5章

软件工程

第1节　软件需求

知识点1　需求的层次

业务需求；用户需求；系统需求。

知识点2　质量功能部署

（1）常规需求。（2）期望需求。（3）意外需求。

知识点3　需求分析

1. 结构化分析

（1）数据字典。

（2）数据模型；功能模型；行为模型。

（3）实体关系图（E-R图）；数据模型。

（4）数据流图（DFD）；功能模型。

（5）状态转换图（STD）；行为模型。

（6）数据字典；分析阶段。

（7）数据项；数据结构；数据流；数据存储；处理过程。

2. 面向对象分析

（1）抽象；封装；继承；分类；聚合；关联；消息通信；粒度控制；行为分析。

（2）确定对象和类；确定结构；确定主题；确定属性；确定方法。

知识点4　需求规格说明书

基本概念

（1）需求分析。

（2）范围；引用文件；需求；合格性规定；需求可追踪性；尚未解决的问题；注解；附录。

知识点5　需求变更

（1）遵循变更控制过程；项目变更控制委员会。

（2）决策；作业；是否能变更。

知识点6　需求跟踪

1.需求跟踪的目的

工作成果符合用户需求。

2.需求跟踪的两种方式

正向跟踪；逆向跟踪。

第2节　软件设计

知识点1　结构化设计

1.基本概念

（1）面向数据流。

（2）自顶向下；逐层分解；逐步求精；模块化。

（3）概要设计；详细设计。

2.设计原则

高内聚、低耦合。

知识点2　面向对象设计

1.基本概念

（1）抽象；封装；可扩展性。

（2）继承；多态。

（3）可维护性；可复用性。

2.常用的OOD原则

（1）单职原则。（2）开闭原则。（3）里氏替换原则。（4）依赖倒置原则。（5）接口隔离原则。（6）组合重用原则。（7）迪米特原则（最少知识法则）。

知识点3　统一建模语言（UML）

1.UML的结构

（1）构造块；规则；公共机制。

（2）事物；关系；图。

2. UML中的关系

（1）依赖。（2）关联。（3）泛化。（4）实现。

3. UML 2.0中的图

静态图；动态图。

（1）静态图；类图；对象图；包图；构件图；组合结构图；部署图。

（2）动态图；用例图；状态图；活动图；定时图；顺序图；通信图；交互概览图；制品图。

4. UML视图

（1）逻辑视图。（2）进程视图。（3）实现视图。（4）部署视图。（5）用例视图。

第 3 节　软件实现

知识点1：软件配置管理

软件配置管理计划；软件配置标识；软件配置控制、生命周期；软件配置状态记录；软件配置审计；软件发布管理与交付。

知识点2：软件测试

1. 测试方法

（1）静态测试。

（2）静态测试；检查单；静态测试；桌前检查；代码走查；代码审查。

（3）动态测试；白盒测试；黑盒测试。

（4）白盒测试；完全清楚。

（5）黑盒测试；完全不考虑（或不了解）。

2. 测试类型

（1）单元测试。（2）集成测试。（3）确认测试。（4）系统测试。（5）配置项测试。（6）回归测试。

第 4 节　部署交付

（1）蓝绿部署。（2）金丝雀部署。

第 5 节　软件质量管理

1. 质量保证的焦点

避免缺陷的产生。

2. 质量保证的主要目标

事前预防工作；过程；最终产品；贯穿于所有的。

第 6 节　软件过程能力成熟度

初始级；项目规范级；组织改进级；量化提升级；创新引领级。

第6章

数据工程

第1节　数据采集和预处理

知识点1　数据采集

1. 数据类型

（1）结构化数据。（2）半结构化数据。（3）非结构化数据。

2. 数据采集方法

传感器采集；系统日志采集；网络采集。

知识点2　数据预处理

1. 数据预处理的步骤

数据分析；数据检测；数据修正。

2. 数据预处理方法

删除缺失值；均值填补法；热卡填补法。

第2节　数据存储及管理

知识点1　数据存储

1. 存储介质的类型

磁带；光盘；磁盘；内存。

2. 存储的形式

文件存储；块存储；对象存储。

知识点2　数据归档

（1）可逆；恢复。

（2）只在业务低峰期；删除；数据空洞；及时止损。

知识点3　数据备份

（1）完全备份；较多。

（2）差分备份；节约；方便。

（3）增量备份；节约；复杂。

知识点4　数据容灾

（1）数据备份。

（2）远程镜像；快照。

第 3 节　数据治理和建模

知识点1　元数据

数据的数据。

知识点2　数据标准化

1. 数据标准化的内容

元数据标准化；数据元标准化。

2. 数据标准化的过程

确定数据需求；制定数据标准；批准数据标准；实施数据标准。

知识点3　数据模型

概念模型；逻辑模型；物理模型。

知识点4　数据建模

数据需求分析；概念模型设计；逻辑模型设计；物理模型设计。

第 4 节　数据仓库和数据资产

知识点1　数据仓库

1. 数据仓库的特点

面向主题的；集成的；随时间变化的；历史数据。

2. 数据仓库的构成

（1）数据源；数据的存储与管理；OLAP服务器；前端工具。

（2）数据源；基础。

（3）数据的存储与管理；核心。

（4）联机分析处理服务器（OLAP）；发现趋势。

（5）前端工具。

知识点2　数据资产管理

数据资源化；数据资产化。

第 5 节　数据分析及应用

知识点1　数据挖掘

确定分析对象；数据准备；数据挖掘；结果评估与结果。

知识点2　数据服务

数据目录服务；数据查询与浏览及下载服务；数据分发服务。

知识点3　数据可视化

一维数据可视化；二维数据可视化；三维数据可视化；多维数据可视化；时态数据可视化；层次数据可视化；网络数据可视化。

第 6 节　数据脱敏和分类分级

知识点1　数据脱敏

1.数据的5个等级

公开；保密；机密；绝密；私密。

2.数据脱敏的方式

可恢复；不可恢复。

3.数据脱敏的原则

算法不可逆原则；保持数据特征原则；保留引用完整性原则；规避融合风险原则；脱敏过程自动化原则；脱敏结果可重复原则。

知识点2　数据分类

分类对象；分类依据。

知识点3　数据分级

（1）核心数据；一般危害；严重危害。

（2）重要数据；一般危害；轻微危害。

（3）一般数据；个人和组织。

第7章

软硬件系统集成

第1节 系统集成基础

知识点 系统集成项目特点

连续性；专业化；多元化；普遍分散；软硬件系统；新技术；前沿技术。

第2节 基础设施集成

知识点1 弱电工程

（1）220V；50Hz。

（2）视频监控系统；消防报警系统；停车收费管理系统；楼宇自控系统；智能化系统。

知识点2 网络集成

1.传输子系统

（1）传输；核心。（2）无线传输介质。（3）有线传输介质。

2.交换子系统

局域网；城域网；广域网。

3.安全子系统

（1）防火墙技术。（2）数据加密。（3）访问控制。

知识点3 数据中心集成

（1）服务器。

（2）数据中心；神经中枢。

第 3 节　软件集成

知识点1　基础软件集成

1. 操作系统

（1）基础性。

（2）网络操作系统；心脏。

（3）分布式操作系统。

（4）操作系统虚拟化技术。

2. 数据库

数据结构；有组织的；可共享的；统一管理。

3. 中间件

操作系统层；应用程序层。

通信支持；应用支持；公共服务。

知识点2　应用软件集成

（1）COM。　　（2）COM+。　　（3）.NET。　　（4）J2EE。

第 4 节　业务应用集成

知识点1　业务应用集成的技术要求

（1）互操作性。（2）可移植性。（3）透明性。

知识点2　业务应用集成的优势

（1）共享信息。

（2）简化业务流程。

（3）简化软件使用。

（4）降低IT投资和成本。

（5）优化业务流程。

知识点3　业务应用集成的工作原理

提供应用编程接口（API）；事件驱动型操作；数据映射。

第8章

信息安全工程

第1节　信息安全管理

知识点1　保障要求

（1）主管领导；信息中心；业务应用；领导；信息中心；业务部门。

（2）安全管理制度；多人负责；任期有限；职责分离。

（3）应急响应机制。

知识点2　管理内容

（1）组织控制。　（2）人员控制。　（3）物理控制。　（4）技术控制。

知识点3　管理体系

（1）安全管理人员。

（2）安全职能部门。

（3）安全领导小组。

（4）主要负责人。

（5）信息安全保密管理部门。

知识点4　等级保护

1.安全保护等级划分

损害；无损害。

严重损害；损害；无损害。

严重损害；损害。

特别严重损害；严重损害。

特别严重损害。

2.安全保护能力等级划分

拥有很少资源；一般的。

外部小型组织的；拥有少量资源。

统一安全策略；组织的团体；拥有较为丰富资源。

统一安全策略；国家级别的；敌对组织的；拥有丰富资源。

第 2 节　信息安全系统

知识点1　信息系统"安全空间"三个维度

安全机制；数据安全；通信安全；应用安全。

安全服务；对等实体认证服务；访问控制服务；数据保密服务。

OSI网络参考模型。

知识点2　信息系统"安全空间"五大属性

1. 安全空间的五大属性

认证；权限；完整；加密；不可否认。

2. 信息安全系统工程实施过程

工程过程；风险过程；保证过程。

知识点3　信息安全系统工程能力成熟度模型

1. 信息安全系统工程能力成熟度模型的两维设计

域维；能力维。

2. 信息安全系统工程能力成熟度模型

非正规实施级。

规划和跟踪级。

充分定义级。

量化控制级。

持续改进级。

第9章
项目管理概论

第1节 PMBOK 的发展

（1）知识；技能；工具。

（2）项目管理知识体系指南。

（3）敏捷。

（4）绩效域；项目管理原则；测型；适应型；混合型。

（5）价值交付系统；组织及其干系人。

第2节 项目基本要素

知识点1 项目基础

项目的概念

（1）产品；成果；临时性。

（2）可交付成果。

（3）起点；终点；持续时间。

（4）业务价值。

知识点2 项目管理

（1）知识；技能。

（2）项目成本超支；项目范围失控；干系人不满意。

（3）项目。

知识点3 项目成功的标准

（1）时间；范围；质量。

（2）可测量。

（3）如何评估项目成功；哪些因素会影响项目成功。

知识点4　项目、项目集、项目组合和运营管理之间的关系

1. 概念

（1）独立项目；在项目组合内。

（2）项目集。

（3）项目组合。

（4）项目和项目集；做正确的事。

2. 项目集管理

依赖关系。

3. 项目组合管理

优先级；战略目标。

4. 运营管理

不属于。

知识点5　项目运行环境

（1）事业环境因素；组织过程资产。

（2）过程、政策和程序；组织知识库。

知识点6　组织系统

1. 治理框架、管理要素

（1）治理框架；组织结构类型。

（2）管理要素。

2. 组织结构类型、PMO

（1）项目管理办公室。

（2）支持；控制；指令。

知识点7　项目管理和产品管理

（1）组件制品。

（2）产品生命周期。

第 3 节　项目经理的角色

（1）项目目标。

（2）项目目标；干系人的满意程度。

第4节　项目生命周期和项目阶段

知识点1　定义和特征

1. 项目生命周期的定义

（1）顺序；交叠；项目管理。

（2）任何。

2. 项目生命周期的特征

（1）启动项目；组织与准备；执行项目工作；结束项目。

（2）最高。

（3）最大；增高。

知识点　生命周期类型

（1）瀑布型生命周期；变更。

（2）重复进行。

（3）迭代。

（4）迭代。

（5）迭代；增量。

（6）敏捷；变更驱动。

（7）预测；适应。

第5节　项目立项管理

1. 项目立项管理概述

（1）项目建议与立项申请；项目可行性研究；项目评估与决策。

（2）项目建议与立项申请；初步可行性研究；详细可行性研究；项目评估与决策。

（3）详细可行性研究。

2. 项目建议与立项申请

（1）项目建议书。

（2）可行性研究。

（3）项目建议书。

3. 项目可行性研究

（1）预见性；公正性；可靠性；科学性。

（2）技术可行性分析；经济可行性分析；社会效益可行性分析；运行环境可行性分析；其他方面的可行性分析。

（3）进行项目开发的风险；人力资源的有效性；技术能力的可能性；物资（产品）的可用性。

（4）经济效益；支出分析；收益分析；收益投资比；投资回报分析。

（5）一次性支出；非一次性支出。

（6）直接收益；间接收益；其他方面。

（7）辅助（功能）研究。

（8）需求与市场预测；设备与资源投入分析；空间布局，如网络规划、物理布局方案的选择；项目设计；项目进度安排；项目投资与成本估算。

（9）可行性研究报告。

（10）科学性原则；客观性原则；公正性原则。

（11）有无比较法；增量净效益法。

4. 项目评估与决策

（1）第三方。

（2）成立评估小组；开展调查研究；分析与评估；编写、讨论、修改评估报告；召开专家论证会；评估报告定稿并发布。

（3）项目概况；详细评估意见。

（4）真实；客观。

第 6 节　项目管理过程组

1. 基本概念

（1）启动过程组；规划规程组；执行过程组；监控过程组；收尾过程组。

（2）收尾。

（3）监控。

（4）执行。

（5）规划。

（6）项目管理过程组。

（7）项目阶段。

2. 适应型项目中的过程组

（1）做多少规划工作；什么时间做。

（2）未完成项的清单。

（3）迭代期。

第7节　项目管理原则

（1）展现领导力行为；优化风险应对；为实现目标而驱动变革；聚焦于价值；识别、评估和响应系统交互；拥抱适应性和韧性；促进干系人有效参与；驾驭复杂性；勤勉、尊重和关心他人；根据环境进行裁剪；营造协作的项目团队环境；将质量融入过程和成果中。

（2）团队共识；过程。

（3）价值。

（4）商业需要；商业战略。

（5）内外部。

（6）人类行为；系统行为；技术创新；不确定和模糊性。

（7）韧性；适应性。

第8节　项目管理知识领域

（1）项目整合管理；项目范围管理；项目进度管理；项目成本管理；项目质量管理；项目资源管理；项目沟通管理；项目风险管理；项目采购管理；项目干系人管理。

（2）项目干系人。

（3）项目采购。

（4）项目风险。

（5）项目沟通。

（6）项目资源。

（7）项目成本。

（8）项目范围。

第9节　价值交付系统

（1）项目如何创造价值；价值交付组件；信息流。

（2）干系人。

（3）组织内部环境。

（4）成果；成果；价值。

（5）信息；信息反馈。

第10章

启动过程组

第1节 制定项目章程

知识点1 项目章程的定义

1. 基本概念

批准项目；授权。

2. 作用

（1）明确项目与组织战略目标之间的直接联系；确立项目的正式地位；展示组织对项目的承诺。

（2）项目执行；项目需求。

（3）组织战略。

3. 基础知识

（1）制定项目章程。

（2）正式启动。

（3）项目以外的机构。

知识点2 主要输入

（1）立项管理文件；协议；组织过程资产。

（2）项目建议书；可行性研究报告；项目评估报告等。

（3）合同；谅解备忘录；服务水平协议。

（4）合同。

知识点3 主要输出

（1）服务；成果。

（2）高层级需求；高层级项目描述、边界定义以及主要可交付成果；整体项目风险；总体里程碑进度计划；关键干系人名单；发起人或其他批准项目章程的人员的姓名和职权等；委派的项目经理及其职责和职权；项目目的；可测量的项目目标和相关的成功标准；项目退出标准；项目审批要求；预先批准的财务资源。

（3）假设条件；制约因素。

第 2 节　识别干系人

知识点　识别干系人的定义

1. 基本概念

（1）利益干系人；利害关系者。

（2）消极；积极。

（3）施加影响。

2. 基础知识

（1）干系人满意程度。

（2）定期开展。

（3）项目团队及成员；项目发起人；供应商。

3. 主要输入

（1）项目章程；立项管理文件；沟通管理计划；干系人参与计划；问题日志；需求文件；协议；组织过程资产。

（2）干系人。

（3）问题日志。

（4）需求文件。

4. 工具与技术

（1）头脑风暴；干系人分析；干系人映射分析/表现。

（2）头脑风暴。

（3）头脑写作。

（4）权利；所有权；贡献。

（5）作用影响方格；干系人立方体；凸显模型；优先级排序。

（6）职权级别；利益；影响。

（7）干系人立方体。

（8）权利；紧迫性；合法性。

（9）向上；向下；向外；横向。

5. 主要输出

（1）干系人登记册；变更请求；项目文件更新。

（2）已识别干系人；评估信息。

第3节　启动过程组的重点工作

知识点1　项目启动会议

1. 项目启动会议的作用

（1）项目经理。

（2）项目启动会议。

（3）职责；权限；项目章程。

2. 项目启动会议的步骤

确定会议目标；会议准备；识别参会人员；明确议题；进行会议记录。

知识点2　关注价值和目标

1. 项目目标

成果性；约束性。

2. 项目价值

有形；无形。

第11章

规划过程组

第1节　制订项目管理计划

1. 基本概念

（1）所有组成。

（2）综合文件。

（3）执行；监控。

（4）详细。

（5）范围；时间；成本。

2. 主要输入

项目章程；其他过程的输出；事业环境因素；组织过程资产。

3. 主要输出

（1）子管理计划；基准；组件信息。

（2）范围管理计划；需求管理计划；进度管理计划；成本管理计划；质量管理计划；资源管理计划；沟通管理计划；风险管理计划；采购管理计划；干系人参与计划。

（3）范围基准；进度基准；成本基准。

（4）变更管理计划；配置管理计划；绩效策略基准；项目生命周期；开发方法。

4. 主要工具与技术

（1）人际关系与团队技能；会议。

（2）核对单。

（3）焦点小组。

第2节　规划范围管理

1. 基本概念

（1）项目；产品。

（2）管理范围。

2. 主要输入

（1）项目章程；项目管理计划；事业环境因素；组织过程资产。

（2）质量管理计划；项目生命周期描述；开发方法。

3. 主要输出

（1）范围管理计划；需求管理计划。

（2）范围管理计划。

（3）需求管理计划。

第 3 节　收集需求

1. 基本概念

（1）干系人。

（2）产品范围；项目范围。

（3）已量化；书面记录

（4）范围基准。

2. 主要输入

（1）范围管理计划；需求管理计划；干系人参与计划。

（2）假设日志；干系人登记册。

3. 主要工具与技术

（1）头脑风暴；焦点小组；标杆对照。

（2）标杆对照。

（3）独裁型决策制定。

（4）多标准决策分析。

（5）亲和图；思维导图。

（6）名义小组技术；观察和交谈。

（7）旁站观察者；参与观察者。

（8）系统交互图。

（9）原型法。

（10）故事板。

4. 主要输出

（1）需求文件；需求跟踪矩阵。

（2）单一需求；业务需求；高层级。

（3）相互协调；主要干系人。

（4）业务需求；干系人需求；解决方案需求；过渡和就绪需求；项目需求；质量需求。

（5）需求跟踪矩阵。

（6）唯一标识；收录该需求的理由；优先级别。

第 4 节　定义范围

1. 基本概念

（1）项目和产品。

（2）边界；验收标准。

（3）需求文件。

（4）主要可交付成果；制约因素。

2. 主要输入

项目章程；项目管理计划；假设日志；需求文件；风险登记册；组织过程资产。

3. 主要输出

（1）项目范围说明书。

（2）项目；产品；交付成果；项目范围。

（3）产品范围描述；可交付成果；验收标准；项目的除外责任。

第 5 节　创建 WBS

1. 基本概念

（1）项目成果；项目工作。

（2）工作范围。

（3）项目范围说明书。

（4）工作包。

2. 主要输入

项目管理计划；项目文件。

3. 主要工具与技术

（1）专家判断；分解。

（2）自上而下；使用 WBS模板。

（3）自下而上。

（4）识别和分析可交付成果及相关工作；确定WBS的结构和编排方法；自上而下逐层细化分解；为WBS组成部分制定和分配标识编码；核实可交付成果分解的程度是否恰当。

（5）产品和项目可交付成果；主要可交付成果。

（6）滚动式规划。

（7）WBS必须是面向可交付成果的；WBS必须符合项目的范围；WBS的底层应该支持计划和控制；WBS中的元素必须有人负责，而且只由一个人负责（独立责任原则）；WBS应控制在4~6层；WBS应包括项目管理工作；WBS的编制需要所有（主要）项目干系人的参与；WBS并非一成不变的。

4. 主要输出

（1）范围基准。

（2）项目范围说明书；WBS；工作包；规划包；WBS字典。

（3）控制账户；工作包；工作内容。

（4）一个或多。

第6节 规划进度管理

1. 基本概念

（1）项目进度。

（2）整个项目。

2. 主要输入、输出

（1）范围管理计划；开发方法。

（2）产品开发方法。

（3）项目进度模型；精准度；WBS；控制临界值；绩效测量规则。

（4）挣值管理。

第7节 定义活动

1. 基本概念

（1）采取的具体行动。

（2）工作包。

2. 主要输入

进度管理计划；范围基准。

3. 主要工具与技术

分解；滚动式规划。

4. 主要输出

（1）活动清单；里程碑清单；变更请求。

（2）活动清单。

（3）唯一活动标识；WBS标识。

（4）里程碑。

第8节　排列活动顺序

1. 基本概念

（1）项目活动之间。

（2）逻辑顺序。

2. 主要输入

（1）进度管理计划；范围基准。

（2）活动属性；活动清单；里程碑清单。

3. 紧前关系绘图法

（1）前导图；节点；活动；箭头；单代号网络；活动节点。

（2）节点。

（3）开始到完成；完成到完成；开始到开始；完成到开始。

（4）最早开始时间；最早完成时间；最迟开始时间；最迟完成时间。

（5）

最早开始时间	工期	最早完成时间
活动名称		
最迟开始时间	总浮动时间	最迟完成时间

4. 箭线图法

（1）箭线；节点。

（2）双代号网络图；活动箭线图。

（3）节点；箭线。

（4）每一项活动；每一个事件；唯一。

（5）至少有一个不相同；大。

（6）紧后活动；紧前活动。

（7）虚箭线；时间；资源。

5. 提前量和滞后量

（1）紧前；紧后；负。

（2）紧前；紧后；正。

6. 主要输出

（1）项目进度网络图。

（2）路径汇聚；路径分支；风险。

第9节　估算活动持续时间

1. 基本概念

（1）单项活动。

（2）收益递减规律；资源数量；员工激励。

2. 主要输入

（1）进度管理计划；范围基准。

（2）活动属性；假设日志；里程碑清单；资源分解结构。

3. 主要工具与技术

类比估算；参数估算；三点估算；自下而上估算。

4. 类比估算

（1）历史数据。

（2）较低；较短；较低。

5. 参数估算

（1）统计关系；其他变量。

（2）参数模型；基础数据。

6. 三点估算

（1）乐观；最可能；悲观。

（2）$(T_o+T_m+T_p)/3$；$(T_o+4T_m+T_p)/6$

7. 主要输出

（1）持续时间估算；估算依据。

（2）滞后量。

第 10 节　制订进度计划

1. 基本概念

（1）持续时间；进度制约因素；进度模型。

（2）计划日期。

（3）整个项目。

（4）持续时间；资源；进度储备。

（5）定义项目里程碑、识别活动并排列活动顺序，以及估算活动持续时间并确定活动的开始和完成日期；由分配至各个活动的项目人员审查其被分配的活动；项目人员确认开始和完成日期与资源日历和其他项目或任务没有冲突，从而确认计划日期的有效性；分析进度计划，确定是否存在逻辑关系冲突，以及在批准进度计划并将其作为基准之前是否需要平衡资源，并同步修订和维护项目进度模型，确保进度计划在整个项目期间一直切实可行。

2. 主要输入

进度管理计划；范围基准。

3. 关键路径法

（1）最短工期。

（2）最早开始时间。

（3）最迟结束时间。

（4）关键路径；总浮动时间；自由浮动时间。

（5）多。

（6）总浮动时间。

（7）最早完成时间；最早开始时间。

（8）最早开始；推迟。

4. 资源优化

（1）资源平衡；资源平滑。

（2）资源平衡。

（3）关键路径改变。

（4）改变项目的关键路径；完工日期；所有资源的优化。

5. 进度压缩

（1）赶工；快速跟进。

（2）赶工。

（3）快速跟进。

6. 计划评审技术

（1）三点估算技术；随机。

（2）$\sigma_i^2 = \dfrac{(b_i - a_i)^2}{36}$

7. 主要输出

（1）进度基准；项目进度计划；项目日历。

（2）进度模型；变更控制程序。

（3）基准开始；基准结束。

（4）计划开始；计划完成。

（5）横道图；里程碑图；项目季度网络图。

（6）进度里程碑；进度活动。

第 11 节　规划成本管理

1. 基本概念

（1）项目成本。

（2）成本管理过程。

2. 主要输入

（1）项目章程；项目管理计划。

（2）总体里程碑进度计划。

（3）进度管理计划；风险管理计划。

3. 主要输出

（1）成本管理计划。

（2）计量单位；精确度；控制临界值。

第 12 节　估算成本

1. 基本概念

（1）近似估算。

（2）量化。

（3）通货膨胀。

2. 主要输入

（1）成本管理计划；质量管理计划；范围基准。

（2）项目进度计划；资源需求。

3. 主要输出

（1）成本估算；估算依据。

（2）应急储备。

（3）清晰；完整。

第13节 制定预算

1. 基本概念

（1）估算成本；成本基准。

（2）成本基准。

2. 主要输入

（1）项目文件；商业文件。

（2）成本管理计划；范围基准。

（3）商业论证；效益管理计划。

3. 主要输出

（1）成本基准；项目资金需求。

（2）项目预算；管理储备。

第14节 规划质量管理

1. 基本概念

（1）质量要求；标准。

（2）管理；核实。

2. 主要输入

（1）项目章程；项目管理计划；项目文件。

（2）需求管理计划；风险管理计划；范围基准。

3. 主要工具与技术

（1）标杆对照；头脑风暴。

（2）成本效益分析；质量成本。

（3）预防成本；评估成本；失败成本。

（4）预防；评估。

（5）不一致。

（6）流程图；矩阵图。

4. 主要输出

质量管理计划；质量检测指标。

第15节　规划资源管理

1. 主要输入

（1）项目章程；项目管理计划。

（2）质量管理计划；范围基准。

2. 主要工具与技术

（1）层级；矩阵；文本。

（2）层级型；详细职责。

3. 主要输出

（1）资源管理计划；团队章程。

（2）团队管理计划；实物资源管理计划。

第16节　估算活动资源

1. 主要输入

项目管理计划；事业环境因素。

2. 主要输出

（1）资源需求；资源分解结构。

（2）工作包；WBS分支。

第17节　规划沟通管理

1. 基础知识

（1）项目沟通活动。

（2）有效参与项目。

2. 主要输入

（1）项目章程；项目管理计划；项目文件。

（2）资源管理计划；干系人参与计划。

3. 主要工具与技术

（1）沟通需求分析；沟通技术；沟通模型；沟通方法。

（2）反馈元素。

（3）拉式沟通；互动沟通。

4. 主要输出

沟通管理计划；项目管理计划更新。

第 18 节　规划风险管理

1. 基础知识

风险程度。

2. 风险基本概念和属性

（1）达成目标；单个风险；不确定性。

（2）风险事件的随机性；风险的相对性。

（3）收益的大小；投入的大小。

3. 风险的可变性

性质；后果；出现新风险。

4. 风险的分类

（1）纯粹风险；投机风险。

（2）自然风险；人为风险。

（3）局部风险；总体风险。

（4）已知风险；可预测风险；不可预测风险。

5. 主要输入

（1）项目章程；项目管理计划。

（2）干系人登记册。

6. 主要输出

（1）风险管理计划。

（2）风险管理策略；角色与职责；资金；风险类别；风险概率和影响；概率和影响

矩阵。

第 19 节　识别风险

1. 主要输入

项目管理计划；协议；采购文档。

2. 主要工具与技术

（1）数据收集；数据分析；提示清单。

（2）优势；劣势；威胁。

3. 主要输出

（1）风险登记册；风险报告。

（2）已识别风险的清单；潜在风险责任人。

第 20 节　实施定性风险分析

1. 基础知识

（1）优先级排序。

（2）规划风险应对过程。

2. 主要输入

（1）风险管理计划。

（2）假设日志；风险登记册；干系人登记册。

3. 主要工具与技术

（1）风险数据质量评估；风险概率和影响评估。

（2）概率和影响矩阵；层级图。

4. 主要输出

风险登记册；风险报告。

第 21 节　实施定量风险分析

1. 基础知识

（1）量化；风险应对。

（2）大型或复杂；主要干系人要求进行定量分析。

2. 主要输入

（1）风险管理计划；范围基准；成本基准。

（2）完工尚需估算；完工估算；完工预算；完工尚需绩效指数。

3. 主要工具与技术

（1）敏感性分析；决策树分析；影响图。

（2）正态分布；对数正态分布；贝塔分布；离散分布。

第22节 规划风险应对

1. 基础知识

（1）应对策略；应对行动。

（2）一名责任人。

（3）次生风险。

2. 主要输入

风险管理计划；成本基准。

3. 威胁应对策略

（1）上报；规避；转移；减轻；接受。

（2）转移。

（3）主动；被动。

（4）建立应急储备。

4. 机会应对策略

上报；开拓；分享；提高；接受。

5. 整体项目风险应对策略

规避；开拓；转移或分享；减轻或提高；接受。

第23节 规划采购管理

1. 基础知识

准备采购工作说明书（SOW）或工作大纲（TOR）；准备高层级的成本估算，制定预算；发布招标广告；确定合格卖方的名单；准备并发布招标文件；由卖方准备并提交建议书；对建议书开展技术（包括质量）评估；对建议书开展成本评估；准备最终的综合评估报告（包括质量及成本），选出中标建议书；结束谈判，买方和卖方签署合同。

2. 主要输入

范围管理计划；质量管理计划；范围基准。

3. 主要输出

采购管理计划；采购策略；招标文件；供方选择标准；独立成本估算。

4. 合同支付类型

（1）总价。

（2）成本补偿。

5. 合同类型

（1）项目总承包；项目单项承包；项目分包。

（2）总价；成本补偿。

（3）固定总价合同；总价加激励费用合同；总价加经济价格调整合同；订购单。

6. 招标文件

（1）信息邀请书；报价邀请书；建议邀请书。

（2）信息邀请书。

（3）报价邀请书。

（4）建议邀请书。

第 24 节　规划干系人参与

1. 主要输入

资源管理计划；沟通管理计划；风险管理计划。

2. 主要工具与技术

不了解；抵制；中立；支持。

3. 主要输出

干系人参与计划。

第12章

执行过程组

第1节　指导与管理项目工作

知识点1　基础知识

（1）已批准变更。

（2）项目变更；变更请求。

知识点2　主要输入

项目管理计划；批准的变更请求。

知识点3　主要输出

（1）可交付成果；工作绩效数据；变更请求。

（2）变更请求。

第2节　管理项目知识

知识点1　基础知识

（1）知识分享；知识集成。

（2）知识组织与存储；知识分享；知识转移与应用。

知识点2　主要输入

（1）项目管理计划；可交付成果。

（2）所有。

知识点3　主要输出

经验教训登记册；组织过程资产更新。

第 3 节　管理质量

知识点1　基础知识

（1）质量管理计划。

（2）无效；质量低劣。

（3）所有人。

知识点2　主要输入

质量管理计划。

知识点3　主要工具与技术

（1）备选方案分析；过程分析；根本原因分析。

（2）因果；流程；直方；散点。

（3）亲和。

（4）鱼刺；石川。

（5）矩阵。

（6）散点。

知识点4　主要输出

质量报告；测试与评估文件。

第 4 节　获取资源

知识点1　基础知识

（1）方式；时间。

（2）物质资源分配；项目团队派工。

知识点2　主要输入

资源管理计划；采购管理计划。

知识点3　主要工具与技术

多标准决策分析；谈判；预分派；虚拟团队。

知识点4　主要输出

物资资源分配单；项目团队派工单；资源日历。

第 5 节　建设团队

知识点1　基础知识

（1）沟通；团队建设；信任；冲突；合作型；决策。

（2）形成阶段；震荡阶段；规范阶段；成熟阶段；解散阶段。

知识点2　主要输入

项目进度计划；项目团队派工单；团队章程。

知识点3　主要输出

团队绩效评价。

第 6 节　管理团队

知识点1　基础知识

在管理团队的过程中，分析冲突背景、原因和阶段，采用适当的方法解决冲突；

考核团队绩效并向成员反馈考核结果；

持续评估工作职责的落实情况，分析团队绩效的改进情况，考核培训、教练和辅导的效果；

持续评估团队成员的技能并提出改进建议，持续评估妨碍团队的困难和障碍的排除情况，持续评估与成员的工作协议的落实情况；

发现、分析和解决成员之间的误解，发现和纠正违反基本规则的言行；

对于虚拟团队，则还要持续评估虚拟团队成员参与的有效性。

知识点2　主要输入

（1）工作绩效报告；团队绩效评价。

（2）遣散项目团队资源。

知识点3　主要工具与技术

（1）资源稀缺；进度优先级排序。

（2）潜伏阶段；感知阶段；感受阶段；呈现阶段；结束阶段。

（3）撤退/回避；缓和/包容；妥协/调解；强迫/命令；合作/解决问题。

第7节　管理沟通

知识点1　主要输入

（1）资源管理计划；沟通管理计划；干系人参与计划。

（2）工作绩效报告。

（3）状态报告；进展报告。

知识点2　主要工具与技术

（1）对话；会议；数据库；社交媒体。

（2）沟通胜任力；反馈；演示。

（3）文化意识；会议管理；人际交往。

知识点3　主要输出

绩效报告；进度进展；演示。

第8节　实施风险应对

知识点1　主要输入

（1）经验教训登记册；风险登记册；风险报告。

（2）风险管理计划。

知识点2　主要输出

变更请求。

第9节　实施采购

知识点1　基础知识

（1）直接采购；邀请招标；竞争招标。

（2）招标；投标；评标；授标。

（3）加权打分法；筛选系统；独立估算。

知识点2　主要输入

（1）项目管理计划；采购文档；卖方建议书。

（2）范围管理计划；需求管理计划；风险管理计划；采购管理计划；成本基准。

（3）招标文件；采购工作说明书；供方选择标准。

知识点3　主要输出

选定的卖方；协议；变更请求；项目文件更新。

第 10 节　管理干系人参与

知识点1　基础知识

在适当的项目阶段引导干系人参与，以便获取、确认或维持他们对项目成功的持续承诺；

通过谈判和沟通的方式管理干系人期望；

处理与干系人管理有关的任何风险或潜在关注点，预测干系人可能在未来引发的问题；

澄清和解决已识别的问题等。

知识点2　主要输入

沟通管理计划；干系人参与计划；变更管理计划。

第13章

监控过程组

第1节　控制质量

知识点1　主要输入

（1）质量管理计划。

（2）项目管理计划；批准的变更请求；可交付成果；工作绩效数据。

知识点2　主要工具与技术

（1）核对单；核查表；统计抽样。

（2）绩效审查；根本原因分析。

知识点3　主要输出

质量控制测量结果；核实的可交付成果；工作绩效信息；变更请求。

第2节　确认范围

知识点1　确认范围的关键内容

（1）确定需要进行范围确认的时间；

识别范围确认需要哪些投入；

确定范围正式被接受的标准和要素；

确定范围确认会议的组织步骤；

组织范围确认会议。

（2）验收；正确性；质量。

知识点2　主要输入

（1）核实的可交付成果；工作绩效数据。

（2）控制质量过程。

知识点3　主要输出

验收的可交付成果；工作绩效信息；变更请求。

第3节　控制范围

知识点　主要输入

（1）范围管理计划；变更管理计划；范围基准。

（2）工作绩效数据。

第4节　控制进度

知识点1　主要输入

进度管理计划；进度基准；范围基准。

知识点2　主要工具与技术

挣值分析；迭代燃尽图；趋势分析；假设情景分析。

知识点3　主要输出

工作绩效信息；进度预测；变更请求。

第5节　控制成本

知识点1　主要输入

（1）成本管理计划；成本基准。

（2）支出；债务。

知识点2　主要工具与技术

（1）挣值分析；偏差分析；储备分析。

（2）计划值；实际成本；进度偏差；进度绩效指数；成本偏差；成本绩效指数。

（3）管理储备。

（4）EV；PV；>；<；=。

（5）EV；AC；<；>；=。

（6）BAC-EV；(BAC-EV)/CPI。

（7）TCPI=(BAC-EV)/(BAC-AC)。

知识点3 主要输出

工作绩效信息；成本预测；变更请求。

第6节 控制资源

知识点 主要输入

（1）资源管理计划。

（2）物质资源分配单；资源分解结构；资源需求。

第7节 监督沟通

知识点 主要输入

（1）沟通管理计划；干系人参与计划。

（2）问题日志；项目沟通记录。

第8节 监督风险

知识点1 主要输入

（1）风险管理计划。

（2）工作绩效数据；工作绩效报告。

知识点2 主要工具与技术

（1）技术绩效分析；储备分析。

（2）项目风险管理计划。

第9节 控制采购

知识点1 基础知识

（1）合同绩效；关闭合同。

（2）采购审计。

知识点2　主要输入

（1）需求管理计划；采购管理计划；进度基准。

（2）里程碑清单；需求文件；需求跟踪矩阵；风险登记册。

知识点3　主要工具与技术

（1）索赔管理；数据分析；审计。

（2）谈判。

知识点4　主要输出

采购关闭；工作绩效信息；采购文档更新；变更请求。

第 10 节　监督干系人参与

知识点1　主要输入

沟通管理计划；干系人参与计划。

知识点2　主要工具与技术

（1）备选方案分析；根本原因分析；干系人分析。

（2）反馈；演示。

第 11 节　监控项目工作

知识点1　主要输入

全部。

知识点2　主要工具与技术

挣值分析；趋势分析；偏差分析。

知识点3　主要输出

（1）工作绩效报告；变更请求。

（2）状态；进展。

（3）大型可见图表；任务板；燃烧图。

第 12 节　实施整体变更控制

知识点1　基础知识

（1）项目经理；

（2）一；项目发起人；项目经理。

知识点2　主要输入

项目管理计划、工作绩效报告、变更请求。

知识点3　主要输出

批准的变更请求；项目管理计划更新；项目文件更新。

第14章

收尾过程组

第1节　结束项目或阶段

知识点1　基础知识

（1）组织资源。

（2）项目管理计划。

知识点2　主要输入

项目章程；项目管理计划；验收的可交付成果；立项管理文件；采购文档。

知识点3　主要输出

最终产品、服务或成果；项目最终报告；组织过程资产更新。

第2节　收尾过程组的重点工作

知识点1　项目验收

（1）文档；已经完成的交付成果。

（2）功能性；非功能性。

（3）验收测试；系统试运行；系统文档验收；项目终验。

知识点2　项目移交

（1）用户；运维和支持团队；组织。

（2）项目档案；项目或阶段收尾文件；技术和管理资产。

知识点3　项目总结

（1）行政收尾；相关干系人。

（2）全体成员；所有人。

第15章

组织保障

第1节　信息和文档管理

知识点　信息和文档

（1）开发文档。（2）产品文档。（3）管理文档。

第2节　配置管理

知识点1　基本概念

1. 配置管理的含义

完整性；可跟踪性。

2. 配置项的分类

（1）基线配置项。非基线配置项。（2）基线配置项。（3）非基线配置项。

3. 配置项的操作权限

（1）配置管理员。

（2）开发人员；读取；非基线配置项。

4. 配置项的状态

（1）草稿；正式；修改。（2）草稿。（3）正式；修改；正式。

5. 配置项版本号的编号规则

（1）草稿。（2）正式；1.0。（3）修改。（4）不能抛弃旧版本。

6. 配置基线

（1）遵循正式的变更控制程序。

（2）用户；发行基线；构造基线。

7. 配置管理数据库

（1）开发库；受控库；产品库。

（2）开发库；开发人员。

（3）受控库。

（4）产品库；最终产品；产品库。

知识点2　角色与职责

1. 配置管理员

③配置项识别。④建立和管理基线。⑤版本管理和配置控制。⑥配置状态报告。⑦配置审计。⑧发布管理和交付。

2. 配置控制委员会

②配置管理计划。④批准、推迟或否决。⑤监督。

知识点3　配置管理活动

1. 配置管理关键成功因素

①所有；被记录。②分类。③所有；编号。④审计。⑤配置负责人。

2. 配置管理日常活动

配置项识别；配置项控制；配置审计。

3. 基于配置库的变更控制流程

①产品库；受控库。

②受控库；开发库；锁定。

③检入；受控库。

④产品库；继续保存。

4. 配置审计

功能配置审计；一致性；圆满完成；符合要求。

物理配置审计；完整性；是否存在；是否包含。

第 3 节　变更管理

知识点1　基本概念

1. 变更的分类

重大变更；重要变更；一般变更；不同审批权限。

2. 变更管理的原则

项目基准化；规范化。

知识点2　角色与职责

1. 变更控制委员会

决策；作业。

2. 变更管理负责人

解决方案

知识点3　变更工作程序

（1）变更申请；书面记录；各种形式；书面形式；项目经理。

（2）对变更的初审；变更申请文档。

（3）变更方案论证。

（4）变更审查。

（5）发出通知并实施。

（6）实施监控；项目经理；CCB。

（7）效果评估。

（8）变更收尾。

知识点4　变更控制

（1）进度；成本；合同。

（2）可以精简。

第16章

监理基础知识

第1节 监理的意义和作用

知识点1 监理的地位

业主单位；承建单位。

知识点2 监理技术参考模型

（1）监理支撑要素；监理运行周期；监理对象；监理内容。

（2）人员；技术；资源；流程。

（3）信息网络系统；信息资源系统；信息应用系统；信息安全；运行维护。

（4）质量控制；进度控制；投资控制。

合同管理；信息管理。

工作关系。

第2节 监理的相关概念

知识点1 信息系统工程监理

业主单位；监督管理。

知识点2 监理资料和工具

（1）监理大纲；投标；监理单位；监理单位法定代表人；纲领性。

（2）监理规划；总监理工程师；监理单位技术负责人；指导性。

（3）监理实施细则；监理工程师；总监理工程师；操作性。

知识点3 监理过程

全过程监理；里程碑监理；阶段监理。

知识点4　监理形式

（1）监理例会。

（2）签认。

（3）现场；驻场服务；一直。

（4）旁站；关键部位；关键工序。

第 3 节　监理内容

知识点1　规划阶段

①业主单位。②业主单位。③审查。④策划招标方法。

知识点2　招标阶段

①业主单位招标前的准备工作。

②参与招标文件的编制。

③协助业主单位进行招标工作。

④招投标咨询服务。

⑤参与承建合同的签订过程。

知识点3　设计阶段

①设计方案、测试验收方案、计划方案的审查。

②变更方案和文档资料的管理。

知识点4　实施阶段

①及时发现项目实施过程中的问题。

②督促承建单位采取措施、纠正问题。

知识点5　验收阶段

验证和认可。

第 4 节　监理合同

服务周期；权利和义务；费用的计取和支付。

第17章

法律法规和标准规范

第1节　法律法规

知识点1　法与法律

1. 法

权利义务；国家强制力。

2. 法律

立法程序；法律的效力仅低于宪法。

知识点2　法律体系

中国特色社会主义法律体系

宪法；法律；行政法规；地方性法规。

（1）民法商法。　（2）经济法。　（3）社会法；适度干预。

（4）法律；全国人民代表大会；主席令。

（5）行政法规；国务院。

（6）地方性法规、自治条例和单行条例。

（7）规章；仅在本部门。

知识点3　法的效力

（1）对象效力；空间效力；时间效力。

（2）新法优于旧法。

知识点4　常用法律

1. 信息化法律法规领域的最重要的法律基础

中华人民共和国民法典。

2. 我国第一部全面规范网络空间安全管理方面问题的基础性法律

中华人民共和国网络安全法。

3. 数据安全领域最高位阶的专门法

中华人民共和国数据安全法；一轴两翼多级。

第2节 标准规范

1. 标准的层级

国家标准；行业标准；地方标准；团体标准；企业标准。

2. 标准的类型

（1）强制性标准；推荐性标准。

（2）推荐性标准。

（3）必须执行。

（4）推荐性标准。

3. 标准编号

强制性国家标准；GB。

推荐性国家标准；GB/T。

国家标准样品；GSB。

指导性技术文件；GB/Z。

地方标准；DB。

团体标准；T。

企业标准；Q。

4. 标准有效期

5年。

第18章

职业道德规范

第1节　职业道德的基本概念

知识点1　道德

社会经济关系；非强制性。

舆论；信念；习俗。

善恶观念

知识点2　职业道德

（1）爱岗敬业；诚实守信；办事公道；服务群众；奉献社会。

（2）职业性；普遍性；自律性；他律性；鲜明的行业性和多样性；继承性和相对稳定性；很强的实践性。

第2节　项目管理工程师职业道德规范

（1）诚实守信；办事公道；与时俱进。

（2）量化管理；优化改进。

（3）管理责任。

（4）客户；雇主。

（5）团队建设。

（6）注重礼仪；公务消费应合理并遵守有关标准。

第3节　项目管理工程师岗位职责

知识点1　项目管理工程师的职责

（1）项目管理能力。

（3）全生命期；经济效益。

（4）加强财务管理。

知识点2　项目管理工程师的权利

（1）组织项目团队。

（2）组织制订信息系统项目计划；协调；资源。

（3）协调信息系统项目内外部关系；签署有关合同。

第4节　项目管理工程师对项目团队的责任

知识点1　建设高效项目团队

- 项目目标。
- 团队规章制度。
- 学习型团队。
- 严谨细致的工作作风。
- 分工明确。
- 和谐协作的团队文化。
- 凝聚力。

知识点2　积极向上的团队价值观

- 信任。
- 遵守纪律。
- 沟通机制与氛围。
- 尊重差异，求同存异。
- 经验交流与共享。
- 结果导向。
- 勇于创新。

第19章

计算题进阶

第1节 成本计算

知识点1 成本基础

（1）AC。

（2）PV。

（3）AC。

（4）PV。

知识点2 成本分析

序号	参数关系	分析（含义）	措施
（1）	AC＞PV＞EV SV＜0，CV＜0	进度（滞后），成本（超支）	用工作效率高的人员更换一批工作效率低的人员；赶工或并行施工追赶进度
（2）	PV＞AC=EV SV＜0，CV=0	进度（滞后），成本（持平）	增加高效人员投入，赶工或并行施工追赶进度
（3）	AC=EV＞PV SV＞0，CV=0	进度（超前），成本（持平）	抽出部分人员，增加少量骨干人员
（4）	EV＞PV＞AC SV＞0，CV＞0	进度（超前），成本（节约）	若偏离不大，维持现状，加强质量控制

知识点3 成本进阶

（1）EV。

（2）EV；CPI。

（3）EV；CPI×SPI。

（4）ETC。

（5）BAC。

（6）BAC−AC。

（7）EAC−AC。

（8）EAC。

第 2 节　进度计算

知识点1　进度基础
（1）EF；ES。
（2）ES；EF。

知识点2　进度分析
（1）FF。
（2）SF。
（3）虚工作。
（4）接驳缓冲；项目。

知识点3　进度进阶
（1）自由时差。
（2）时标网络图；自由时差。
（3）单代号网络图。
（4）双代号网络图。
（5）正确。
（6）甘特图。

第20章
必背案例题

知识点1　生产周期模型

①预测型生命周期。又称为瀑布型生命周期（也包括后续的V模型）。预测型生命周期在生命周期的早期阶段确定项目范围、时间和成本，每个阶段只进行一次，每个阶段都侧重于某一特定类型的工作。这类项目会受益于前期的周详规划，但变更会导致某些阶段重复进行。适用于已经充分了解并明确确定需求的项目。

②迭代型生命周期。采用迭代型生命周期的项目范围通常在项目生命周期的早期确定，但时间及成本会随着项目团队对产品理解的不断深入而定期修改。适用于复杂、目标和范围不断变化，干系人的需求需要经过与团队的多次互动、修改、补充、完善后才能满足的项目。

③增量型生命周期。采用增量型生命周期的项目通过在预定的时间区间内渐进增加产品功能的一系列迭代来产出可交付成果。适用于需求和范围难以确定，最终的产品、服务或成果将经历多次较小增量改进最终满足要求的项目。

④适应型生命周期。采用适应型开发方法的项目又称敏捷型或变更驱动型项目。适应型生命周期项目的特点是先基于初始需求制订一套高层级计划，再逐渐把需求细化到适合特定规划周期所需的详细程度。适合于需求不确定，不断发展变化的项目。

⑤混合型生命周期。混合型生命周期是预测型生命周期和适应型生命周期的组合。

知识点2　可行性研究

①技术可行性分析。

②经济可行性分析。

③社会效益可行性分析。

④运行环境可行性分析。

⑤其他方面的可行性分析。

知识点3　项目管理原则

项目管理原则包括：勤勉、尊重和关心他人；营造协作的项目团队环境；促进干系人有效参与；聚焦于价值；识别、评估和响应系统交互；展现领导力行为；根据环境进行裁剪；将质量融入到过程和成果中；驾驭复杂性；优化风险应对；拥抱适应性和韧性；为实现目标而驱动变革。

知识点4　项目章程

①项目目的；②可测量的项目目标和相关的成功标准；③高层级需求；④高层级项目描述、边界定义以及主要可交付成果；⑤整体项目风险；⑥总体里程碑进度计划；⑦预先批准的财务资源；⑧关键干系人名单；⑨项目审批要求（例如，评价项目成功的标准，由谁对项目成功下结论，由谁签署项目结束）；⑩项目退出标准（例如，在何种条件下才能关闭或取消项目或阶段）；⑪委派的项目经理及其职责和职权；⑫发起人或其他批准项目章程的人员的姓名和职权等。

知识点5　需求跟踪矩阵

跟踪需求的内容包括：①业务需要、机会、目的和目标；②项目目标；③项目范围和WBS可交付成果；④产品设计；⑤产品开发；⑥测试策略和测试场景；⑦高层级需求到详细需求等。

知识点6　范围说明书

①产品范围描述；②可交付成果；③验收标准；④项目的除外责任。

知识点7　WBS分解原则

①WBS必须是面向可交付成果的。②WBS必须符合项目的范围。100%原则（包含原则）认为，在WBS中，所有下一级的元素之和必须100%代表上一级元素。③WBS的底层应该支持计划和控制。④WBS中的元素必须有人负责，而且只由一个人负责，也叫独立责任原则。⑤WBS应控制在4~6层。若项目规模较大可能会超过6层，可将大项目分解成子项目，然后对子项目来做WBS。一个工作单元只能从属于某个上层单元，避免交叉从属。每个级别的WBS将上一级的一个元素分为4~7个新的元素，同一级的元素的大小应该相似。⑥WBS包括项目管理工作，也包括分包出去的工作。⑦WBS的编制需要所有（主要）项目干系人的参与。⑧WBS并非一成不变的。

知识点8　范围基准

经过批准的范围说明书、WBS和相应的WBS字典。

知识点9　资源优化

资源平衡是指为了在资源需求与资源供给之间取得平衡，根据资源制约因素对开始日期和完成日期进行调整的一种技术。如果共享资源或关键资源只在特定时间可用，数量有限，就需要进行资源平衡。也可以为保持资源使用量处于均衡水平而进行资源平衡。资源平衡往往导致关键路径改变。可以用浮动时间平衡资源。因此，在项目进度计划期间，关键路径可能发生变化。

资源平滑是指对进度模型中的活动进行调整，从而使项目资源需求不超过预定的资源限制的一种技术。相对于资源平衡而言，资源平滑不会改变项目的关键路径，完工日期也不会延迟。也就是说，活动只在其自由和总浮动时间内延迟。但资源平滑技术可能无法实现所有资源的优化。

知识点10 进度压缩

赶工是指通过增加资源，以最小的成本代价来压缩进度工期的一种技术。赶工的例子包括批准加班、增加额外资源或支付加急费用，据此来加快关键路径上的活动。赶工只适用于那些通过增加资源就能缩短持续时间的，且位于关键路径上的活动。但赶工并非总是切实可行的，因为它可能导致风险和/或成本的增加。

快速跟进是将正常情况下按顺序进行的活动或阶段改为至少部分并行开展。例如，在大楼的建筑图纸尚未全部完成前就开始建地基。快速跟进可能造成返工和风险增加，所以它只适用于能够通过并行活动来缩短关键路径上的项目工期的情况。若进度加快而使用提前量通常会增加相关活动之间的协调工作，并增加质量风险。快速跟进还有可能增加项目成本。

知识点11 团队章程

团队章程主要包括：团队价值观；沟通指南；决策标准和过程；冲突处理过程；会议指南；团队共识。

知识点12 沟通管理计划

沟通管理计划主要包括：干系人的沟通需求；需沟通的信息，包括语言、形式、内容和详细程度；上报步骤；发布信息的原因；发布所需信息、确认已收到，或做出回应（若适用）的时限和频率；负责沟通相关信息的人员；负责授权保密信息发布的人员；接收信息的人员或群体，包括他们的需要、需求和期望；用于传递信息的方法或技术，如备忘录、电子邮件、新闻稿，或社交媒体；为沟通活动分配的资源，包括时间和预算；随着项目进展而更新与优化沟通管理计划的方法；通用术语表；项目信息流向图、工作流程（可能包含审批程序）、报告清单和会议计划等；来自法律法规、技术、组织政策等的制约因素等。

知识点13　团队建设

塔克曼阶梯理论提出团队建设通常要经过形成阶段、震荡阶段、规范阶段、成熟阶段和解散阶段。

知识点14　配置管理过程

制订配置管理计划、配置项识别、配置项控制、配置状态报告、配置审计、配置管理回顾与改进等。

知识点15　配置库变更流程

①将待升级的基线（假设版本号为V2.1）从产品库中取出，放入受控库。②程序员将欲修改的代码段从受控库中检出（Check out），放入自己的开发库中进行修改。代码被检出后即被"锁定"，以保证同一段代码只能同时被一个程序员修改，如果甲正在对其修改，乙就无法将其检出。③程序员将开发库中修改好的代码段检入（Check in）受控库。代码检入后，代码的"锁定"被解除，其他程序员就可以检出该段代码了。④软件产品的升级修改工作全部完成后，将受控库中的新基线存入产品库中（软件产品的版本号更新为V2.2，旧的V2.1版并不删除，继续在产品库中保存）。

知识点16　马斯洛需求理论

①生理需求。
②安全需求。
③社会交往的需求。
④受尊重的需求。
⑤自我实现的需求。

知识点17　项目经理权力

职位权力、惩罚权力、奖励权力、专家权力和参照权力。
职位权力、惩罚权力、奖励权力来自组织的授权，专家权力和参照权力来自管理者自身。

知识点18　项目验收

①验收测试。
②系统试运行。
③系统文档验收。
④项目终验。